刀工技法

喻成清 编著

KNIFE SKILLS

刀工，为烹饪做好第一道准备

中国纺织出版社

图书在版编目(CIP)数据

刀工技法：视频版/ 喻成清编著. -- 北京：中国纺织出版社，2019.7（2024.5重印）

ISBN 978-7-5180-5483-1

Ⅰ. ①刀… Ⅱ. ①喻… Ⅲ. ①烹饪—原料—加工—图解 Ⅳ. ①TS972.111-64

中国版本图书馆CIP数据核字(2018)第241195号

责任编辑：韩　婧　　责任校对：楼旭红
装帧设计：宋　丽　　责任印制：王艳丽

中国纺织出版社出版发行
地址：北京市朝阳区百子湾东里A407号楼　　邮政编码：100124
邮购电话：010—67004422　　传真：010—87155801
http：//www.c-textilep.com
E-mail：faxing@c-textilep.com
中国纺织出版社天猫旗舰店
官方微博http：//weibo.com/2119887771
北京华联印刷有限公司印刷　　各地新华书店经销
2019年7月第1版　　2024年5月第7次印刷
开本：889×1194　　1/16　　印张：10
字数：158千字　　定价：68.00元

序言

PREFACE

刀工技法，既是厨艺入门学徒必须掌握的基本功，又是资深厨师日常切磋的一门技艺。追求刀法完美，是保证菜品质量的前提。目前，全国数千万名厨师中，有大约四分之一的厨师每天都在从事着与刀工直接相关的工作，而对各种食材的刀工处理技法做全面的了解，更是全体厨师期盼掌握的基本技能。

正确的握刀方法和用刀技巧、不同食材的灵活处理、花刀造型的美观大方、娴熟刀法对菜品品质的提升等，都是刀工技法的完美体现。俗话说“一把菜刀两斤半，学徒开始天天练”，一语道出了刀工技法的重要性。只有真正领悟了刀工的真谛，勤加苦练，才能达到刀轻如意、挥洒自如的艺厨境界。

本书内容充实，符合市场需求，注重实际操作，方法简明扼要，图片丰富精美，教学互动，浅显易懂，具有简便易学、经济实惠、学而能用、用之有效的特点。

“工欲善其事，必先利其器”。刀工技法，是现代烹饪技术的基础，同时也是烹饪技艺突飞猛进的主要标志之一。刀工技法在烹饪教学中占有重要的位置，在餐饮行业中的实际应用也十分普遍，所以本书的出版有着重要意义。

一道美味上品，一半是佳肴珍馐，一半是刀工气派。这便是艺厨之道。

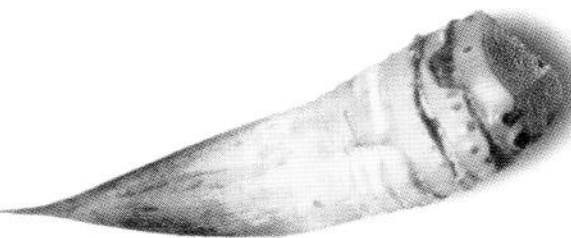

FRESH
SALADS

目录
CONTENTS

PART 1

刀工技法从这里起步／1

PART 2

水产类食材刀工技法／67

PART 3

禽畜类刀工技法 / 103

PART4

蔬菜类刀工技法/137

PART 1

刀工技法从这里起步

KNIFE SKILLS

No.1 刀工技法必知要点

一、刀工技法概述

刀工技法的概念

刀工技法，是根据烹调和食用的要求，运用不同的刀法，将经过清洗后的原料加工成一定形状的过程， 包括粗料加工和细料加工。

刀工技法的作用

1. 便于食用

绝大多数原料的形体都比较大，不方便直接烹调和食用。经过刀工处理，可以把原料由大变小，由粗改细，由整切零，切成片、丝、丁、条、块等，方便食用，也利于人体消化吸收。

2. 便于加热

中餐制作一般使用旺火力、短时间的烹调方法，形体较大的、质地较厚的烹调原料短时间内难以加热至熟，经过刀工的处理，原料的形状变小了，便于加热，也容易熟透。

3. 便于调味

在菜肴调味时，很难让形体大的原料入味，经过刀工的处理，食材变小了，就非常容易调味。

4. 美化造型

经过刀工的处理，原料可以呈现出各种美妙的形状，整齐、均匀、多姿的刀工成形可以增加菜肴的花色品种，让菜肴变得既美观又实用。尤其是运用花刀技法，在原料表面剞上各种刀纹，经过加热便会卷成各种美观的形状，菜肴的形态变得丰富多彩。

5. 丰富品种

经过刀工处理，可以把同一种原料加工成各种不同的形状，制成多种菜肴。一条青鱼可加工成鱼丝、鱼片、鱼条、鱼蓉等，制成瓜姜鱼丝、糟熘鱼片、红烧划水、菊花青鱼等菜肴。可见，刀工技术的发展丰富了菜肴的品种。

6. 提高质感

动物性原料中纤维的粗细、结缔组织的多少、含水量的高低，是影响原料质地的内在因素。提高菜肴的质感，达到脆、嫩、爽的效果，除了上浆、挂糊等烹调技术措施外，经过如切、剞、拍、捶、剁等刀工技术处理，可以使肌肉纤维的组织断裂或解体，扩大肉的表面积，更多的蛋白质亲水基团就会暴露出来，肉的持水性也因此增加了，再通过烹调就可以让肉质嫩化，美味可口。

刀工技法的基本原则

1. 要适应烹调需要

刀工和烹调作为烹饪技术整体中的两道工序，是相互作用和影响的。刀工的好坏，对烹调菜肴质量的优劣关系很大。烹饪原料的形状一定要适应烹调方法的需要，烹调方法不同，对原料形状的要求也不同。如果原料有大有小，会出现大的未熟、小的已烂的情况。

2. 刀工处理要有针对性

烹饪原料品种繁多，质地各异，有软、硬、脆、韧以及疏松、密实、有骨、无骨等区别，刀工应根据原料的不同质地进行不同的处理。

3. 处理后的原料要整齐均匀

经过刀工处理的原料形状，花样繁多，各有特性。原料形状应做到大小一致、粗细一致、厚薄均匀、长短相等。刀工优劣的评判标准之一即切出的东西是否均匀。原料的形状整齐、均匀，是保证菜肴质量的重要前提。一般地说，如果是炒和爆的菜，原料切得小一些、细一些、薄一些；如果是焖菜、炖菜，原料宜大一些、粗一些、厚一些。

4. 配料要考虑周密

菜肴的形状和颜色是否美观，除了与烹调时运用的原料有关，还与刀法的切配关系重大。一款菜肴，往往有主料、配料和料头，它们的形状要协调，颜色的搭配也要悦目，给人以美的感觉。主料颜色浅，配料和料头颜色就宜深一些；相反，主料颜色深一些，配料和料头的颜色就适宜浅一些。

5. 用料要合理恰当

烹调过程中要合理使用原料，这一原则对于刀工来说，甚至比其他的工序更为重要，否则，既浪费了原料，又增加了菜肴的成本。

6. 要尽量保存原料的营养价值

刀工操作中，从原料到用具，都要做到清洁卫生，尽量保存原料的营养价值。

刀工技法的加工对象

刀工的加工对象，是以可供人们食用的烹饪原料为内容的，如鸡、鸭、鱼、畜肉、瓜果、蔬菜等都是刀工的加工对象。

我国烹饪原料品种繁多，质地各异，按其质地通常可以分为以下五种：

1. 韧性原料

韧性原料，泛指一切动物性原料，因其品种、部位的差异，韧性的强弱程度的不同，又可分为以下两种类型：

（1）韧性强的原料

这类原料含有丰富的结缔组织和筋络，纤维粗，肉质弹性大，含水量少，柔韧性强。例如：牛的前腱子肉、腑肋肉；羊的颈头肉、腿肉、肚子（胃）；猪的奶脯肉、前后蹄髈；鸡、鸭的大腿肉等。

（2）韧性弱的原料

这类原料纤维组织细嫩，含水量高，经过分档加工，去除筋膜，减少结缔组织，就会降低韧劲。例如：牛的里脊肉；羊的通脊肉、肋条肉；猪的里脊肉、通脊肉、硬肌肉；鸡、鸭的里脊肉、胸脯肉、心、肝；鱼类的净肉；对虾净肉；水发鱿鱼等。

2. 脆性原料

脆性原料含水量高，脆嫩新鲜，一般指植物性原料，例如：黄瓜、土豆、萝卜、山药、冬瓜等。

3. 软性原料

软性原料一般指经过加热处理后，质地变得比较松软的原料。软性原料又可分为三种：

（1）动物性原料

动物性原料主要指经过酱锅、白煮、清蒸等加热处理后的原料。例如：各种酱牛肉、酱羊肉、酱猪肉、白肉等。

（2）植物性原料

如加热焯熟的胡萝卜、莴笋、冬笋等。

（3）固体性原料

固体性原料是原本呈流体状态的原料，经添加淀粉、鸡蛋、水及一些调味品调和后再通过蒸煮等方法加热，形成固体状态的原料。例如：蛋卷、豆腐、豆腐干等。

4. 硬实性原料

硬实性原料是通过盐腌或晒制、风干等方法处理之后，使原料结构组织细密、硬实的原料。例如：火腿、香肠、腊肉等。

硬实性原料

5. 松软性原料

松软性原料结构组织疏松，呈蓬松状，松软易碎。例如：面包、馒头、蛋糕等。

正确的刀工姿势

刀工姿势是厨师的一项重要的基本功，包括站案姿势、握刀手势、放刀位置。

1. 站案姿势

正确的站案姿势，要求身体保持自然正直，自然含胸，头要端正，双眼正视两手操作的部位，如图①所示，腹部与砧板的间距约 10 厘米。砧板放置的高度应以操作者身高的一半为宜，以不耸肩、不卸肩为度。双肩关节要自感轻松得当。站案脚法的姿态有两种：一种方法是，双脚自然分立，呈外八字形，两脚分开，与肩同宽，如图②所示；另一种方法是，呈稍息姿态，如图③所示。这两种脚法，都要求始终保持身体重心垂直于地面，重力分布均匀，这样方便上肢施力和掌握用力的强弱和方向。

站案姿势 图①

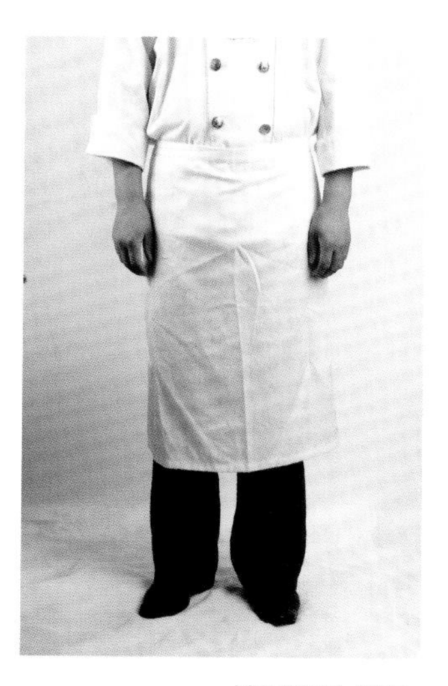

站案姿势 图②

站案姿势 图③

2. 握刀手势

在刀工操作时，握刀的手势与原料的质地和所用刀法有关。施用的刀法不同，握刀的手势也有所不同。但总的握刀要求是稳、准、狠，应以牢而不死、软而不虚、硬而不僵、轻松自然、灵活自如为佳。一般正确握刀方法，如图①、图②所示。

初学者握最容易出现图③、图④的错误姿势。这些姿势不仅不能把握住刀的作用点，而且常常因施力过大，出现脱刀伤手的情况。切料时还会因刀把握不稳影响刀法的质量，因此不可取。

握刀姿势 图①

握刀姿势 图②

握刀姿势 图③

握刀姿势 图④

3. 放刀位置

操作完毕后，应将刀放置在砧板面中央，前不出刀尖，后不露刀柄，刀背朝里、刀刃朝外且都不应露出砧板面，如图①所示。有几种的不良放刀习惯，都应该注意和纠正，如图②～图④所示。

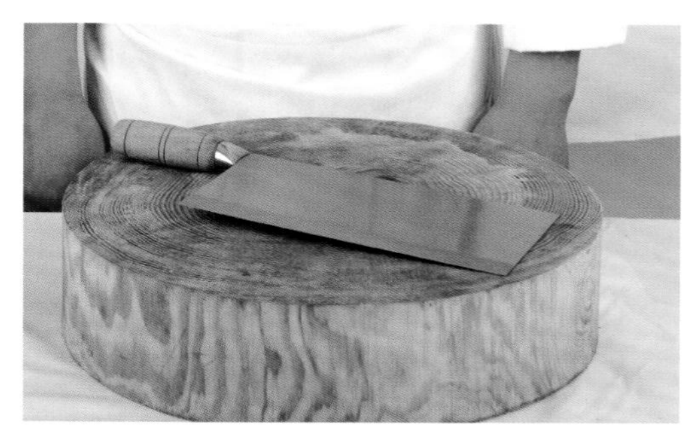

放刀位置 图①

放刀位置 图②

放刀位置 图③

放刀位置 图④

目测和指法要领

目测和指法的关系很紧密，经过刀工切制后的原料，其厚薄、宽窄、长短、大小是否均匀一致，取决于目测能力和运用指法的能力。

1. 目测能力及其作用

目测能力（又称眼力），是指用眼睛测量所加工成形的原料是否合乎规格的能力。原料经过刀工的处理后，会产生几何形体的变化，只有熟练掌握不同规格的原料形状和尺寸要求，提高目测能力，才能运用自如。

2. 手掌和指法的作用

手掌是刀工技法中计量和掌握切割原料的尺子。只有这把“尺子”正确运用，刀法才能得以实施，获得所需要的原料形状。

手掌和各个手指在刀工操作时，既分工又相互配合。操作时基本的手势是：五指合拢，自然弯弓。如图①所示。

五指及其手掌的作用分别表述如下：

图①

（1）中指

操作时，中指指背第一节向手心方向略向里弯曲，并紧贴刀膛，轻按原料，下压力要小，主要是控制“刀距”，调节刀距尺度，如图②所示。

图②

（2）食指和无名指

操作时食指和无名指向掌心方向略弯曲，垂直朝下用力，下压力集中于手指尖部，按稳原料以不使原料滑动为度。

（3）小拇指

操作时小拇指要自然弯曲，呈弓形，配合并协助无名指按稳原料，防止原料左右滑动移位。

（4）大拇指

操作时大拇指要协助食指、小拇指共同扶稳、控制原料，防止行刀用力时原料滑动。同时，大拇指起着支撑作用，避免因重心力集中在中指上而造成指法移动不灵活和刀距失控（当手掌脱离砧板面时，大拇指才发挥支撑点的作用）。

（5）手掌

操作时手掌起到支撑作用。手掌必须紧贴砧板面，使重心集中到手掌上，才能使各个手指发挥灵活自如的作用。

3. 指法及其运用

根据原料质地的不同，刀工指法可分为连续式、间歇式、交替式、变换式四种。

（1）连续式

连续式起势为左手（刀工工作者大都采用左手扶料、右手持刀的工作方法）五指合拢，手指弯曲呈弓形，用中指第一关节紧贴刀膛，保持固定的手势，向左后方连续行刀。刀距大小可根据需要灵活调整。这种指法中途很少停顿，速度较快，主要适用于各种脆性原料。

（2）间歇式

间歇式起势与连续式指法相同，用中指第一关节紧贴刀膛，并以中指为中心，中指、食指、无名指、小拇指四指合拢相依，呈自然弯曲状态。移动时四个手指一同朝手心方向缓慢移动。当行刀切割原料 4 ～ 6 刀时，手势呈半握拳状态，稍作停顿，重心点落在手掌及大拇指外侧部位。然后，其他四个手指不动，手掌微微抬起，大拇指相随，向左后方移动，此时的重心点落在以中指为中心的四个手指上。当手掌向后移动，恢复自然弯曲状态时，继续行刀切割原料，如此反复进行，这种指法称间歇式指法。动物性原料、植物性原料均可采用。

（3）交替式

交替式的手部姿势呈自然弯弓状态，以中指紧贴刀膛，并保持固定的手势。中指顶住刀膛，轻按原料，不抬起。食指、无名指和小拇指交替起落（起落的高度均在3毫米左右），大拇指外侧做支撑点，手掌轻贴原料，整个手的重心点全部集中在大拇指外侧指尖部位。手掌向左后方向缓慢移动，并牵动中指和其他三个手指一起向左后方移动。整个动作要连贯，很少停顿。这种指法难度较大，不易掌握，但它有很多优点：动作幅度小，节奏感强，有较高的稳定性，控制刀距较为准确，使切出的原料均匀一致。这种指法主要适用剁肉丝、剁鸡丝（实则是直切）。

（4）变换式

变换式是综合利用或交换使用连续式、间歇式、交替式的指法。质地老、韧、嫩连接一体的动物性韧性原料，单纯使用一种指法，切出的原料无法均匀一致。这就需要视原料质地的不同，灵活运用各种指法。

图③

二 、刀工必备工具

“工欲善其事，必先利其器”。刀工工具在原料加工过程中起着主导的作用，因为刀具的好坏，使用是否得当，关系到菜肴的外形和质量。有了刀，就需要质地优良的砧板。为了保持刀具的锋利，要经常磨刀，这又需要适宜的磨石。总之，刀具有哪些种类、如何保养、怎样磨刀、砧板如何选择和使用，是一个厨师必知的知识。

刀具的种类、应用及保养

1. 刀具各部位的名称

刀具是指专门用于切割食物的工具。刀具种类很多，外形也各不相同。除了一些特殊用途的刀具外，大多数刀的外形是比较接近的。为了便于说明，这里以切刀为例，介绍其各部位的名称。切刀的外形，是由刀柄、刀背、刀膛、刀口锋面（又称刀刃）、尖劈角（剖面）等部位所组成。

2. 刀具的种类及用途

按刀的用途，刀具可分为四大类：批刀（又称片刀）、砍刀（又称劈刀、斩刀、骨刀、厚刀）、前批后斩刀（又称文武刀）、特殊刀。

（1）批刀（片刀）

性能：重 500 ～ 750 克，轻而薄，刀口锋利，尖劈角小，是切、批工作中最重要的基本工具。

用途：适宜切或批无骨的动物性、植物性原料。刀背可用于捶蓉。

形状：这类刀具形状很多，常用的有圆头刀、方头刀、羊肉刀。

（2）砍刀（劈刀、斩刀、骨刀、厚刀）

性能：重 1000 克以上。厚背，厚膛，大尖劈角，较重，是砍劈工序中最常用的工具。

用途：专门用于砍骨或体积较大的坚硬的原料。

形状：主要有长方刀和尖头刀两种形状。

（3）前批后斩刀（文武刀）

性能 重 750 ～ 1000 克，刀口锋面（刀刃）的中前端近似于批刀，刀口锋面的后端厚而钝，近似于砍刀，尖劈角大于批刀，小于砍刀。应用范围较广，既适合于批、切，也适合于砍，刀背还可以捶蓉。由于它具有多种功能，故称文武刀。

用途：刀口锋面（刀刃）的中前端适宜批、切无骨的韧性原料，也适宜加工植物性原料，后端适宜砍带骨的原料（注意只能砍小型带骨的原料，如鸡、鸭、猪排等）。

形状：这种刀的形状也很多，常用的有柳刀、马头刀、刽刀。

（4）**特殊刀**

性能：重 200 ～ 500 克，刀身窄小、刀口锋利、轻而灵便、外形各异，具有多种用途。

用途：适宜对原料的粗加工，如刮、削、剔、剜等。

形状：这种类型的刀具，形状很多，用途也不尽相同，常用的有烧鸭刀、刮刀、镊子刀（这种刀的刀刃部位可用于削、刮、剜，刀柄部位可用于夹镊鸡、鸭、猪毛）、牛角刀。

3．刀具的保养

刀具使用后的保养既可以延长刀具的使用寿命，又可以确保刀工的质量。刀具保养时应做到以下几点：

①用完刀后必须用洁布擦干刀身两面的水分，特别是切咸味的或有黏性的原料，如咸菜、藕、菱等，切后粘附在刀两侧的鞣酸容易氧化而使刀面发黑，而且盐渍对刀具有腐蚀性，更应注意刀具的清洁。

②刀具使用之后，一定要挂在刀架上固定好，或放入刀箱内的专门放置，最好不要碰撞硬物，以免损伤了刀刃，影响操作。

③气候潮湿的季节，用完刀之后，要擦干刀上的水分，再在刀身两面涂抹一层干淀粉或涂上一层植物油，这样做可以防止刀生锈、腐蚀和失去光泽，保持刀的锋利。

砧板的选择与保养

砧板，是指刀对烹饪原料加工时的衬垫工具。刀工与砧板有着密切的关系，砧板质地的优劣，关系着刀工技术能否很好施展。为此，砧板要平整，切忌选用凹凸不平，质地太硬或太软的砧板，以免影响刀工质量。

1. 砧板的选择

砧板一般选择柳树木、银杏木、榆树木、橄榄树木等材料制作而成。这些树木质地坚实、木纹细腻、密度适中、弹性好、不损刀刃。砧板的尺寸以高 20 ～ 25 厘米、直径 35 ～ 45 厘米为宜。

2. 砧板的保养

新购买的砧板需要修整刨平。最好把砧板放在盐水中浸泡数小时或放入锅内加热煮透，这样可以使木质收缩、组织细密，防止砧板干裂变形，使砧板结实耐用。用完砧板，要用清水或碱水刷洗，刮净油污，保持清洁。每隔一段时间，还要用清水浸泡数小时，让砧板保持一定的湿度，这样不容易干裂。洗干净的砧板要竖着放在通风的地方，这样可以防止砧板面腐蚀。

3. 砧板的使用

使用砧板时，要在砧板的整个平面均匀使用，保持磨损均衡，防止凹凸不平，否则会影响刀法的施展。因为砧板表面凹凸不平，切割时原料不易被切断。砧板表面也不要留有油污，否则在加工原料的时候容易滑动，既不好掌握刀口，又易伤害自身和他人，还会影响卫生。

磨石的种类及应用

磨石一般呈长条形，规格、尺寸、大小不等，主要有天然雕凿的磨石和人工合成的磨石两大类。

不同质地的磨石（粗、细磨石）有着不同的用途。对两种磨石要采取正确的应用方法。

（1）粗磨石

粗磨石质地粗糙，摩擦力大，多用于磨新刀开刃和有缺口的刀。

（2）细磨石

细磨石石质细腻、光滑，适于磨快刀刃锋口。

粗、细磨石的应用，一般要求两者结合使用。先用粗磨石，后用细磨石，不仅效果好，使刀越磨越快，并且能够缩短磨刀时间，延长刀具的使用寿命。

No.2 刀工的基本技法

一、加工刀法

初加工

初加工刀法是指对大件有骨或鲜活原料的刀法。如对整鸭、整鸡、鲜鱼、排骨等原料的加工，常用砍、劈等刀法。这类刀法，需要腕力和手劲，还要求落刀准确。

细加工

细加工刀法是指对体小无骨或鲜嫩蔬菜的刀法，如猪肉、牛肉、鸡肉、鱼肉、章鱼、虾肉、西芹等原料的加工，常用切或片的刀法。运用切的刀法时，左手按稳原料，根据每刀的厚薄和长短要求，不断后移，右手持刀运用腕力，随着左手的移动，一刀一刀直切下去，不能忽宽忽窄，否则会造成原料薄厚不匀。另外，下刀要直，不能偏里或偏外，否则也会影响原料的整齐、美观。运用片的刀法时，又分平刀法和斜刀法。平刀法一般是左手按稳原料，右手执片刀贴底横着向原料片下去。斜刀法一般是左手按稳原料，右手执刀，并使刀身倾向原料片下去。

精加工

精加工刀法是指用于美化原料的刀法。如要美化西瓜、南瓜的皮面，使蔬菜原料成为树叶形、锯齿形、梅花形，或使鱿鱼、章鱼成为麦穗形等，常用剞、雕、刻等刀法。运用剞的刀法，一般是不将原料切断，如茄夹，中间能夹馅料，或将原料交叉剞成花刀，如鱿鱼，加热后卷起就如麦穗或荔枝的形状；运用雕的刀法，一般是立体的形状较多，如雕各种蔬菜花卉、龙、凤、孔雀等；运用刻的刀法，通常是将原料表面刻成各种图案，如在西瓜上刻成“熊猫戏竹”“鸟语花香”等图案。

二、基础刀法

刀法的种类很多，大致可分为直刀法、平刀法、斜刀法、剞刀法四大类，每大类根据刀的运行方向和不同步骤，又分出许多小类。

直刀法

直刀法是指刀与砧板面基本保持垂直运动的技法。按照用力大小的程度，可分为切、剁（又称斩）、砍（又称劈）等。

1. 切

（1）直刀切（又称跳切）

这种刀法要求刀与砧板面垂直、刀垂直上下运动，将原料切断。先把原料加工成片状，然后施用其他刀法，加工出丝、条、段、丁、粒、末或者其他几何形状。

操作方法：

①左手扶稳原料。

②用中指第一关节弯曲处顶住刀膛，手掌按在原料或砧板面上。

③右手持刀，用刀刃的中前部位对准原料被切位置。

④刀垂直上下起落将原料切断，如此反复直切，至切完原料为止。

技术要求：左手运用指法向左后方向移动，要求刀距相等，两手协调配合，灵活自如。刀在运行时，刀身不可里外倾斜，作用点在刀刃的中前部位。

适用原料：脆性原料，如白菜、油菜、荸荠、鲜藕、莴笋等。

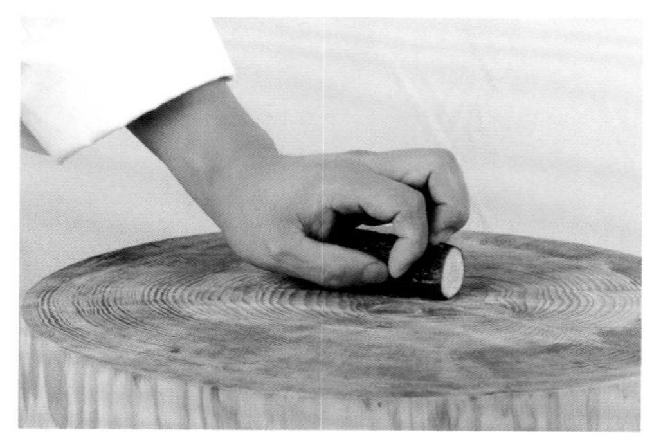

直切法 ①

直切法 ②

直切法 ③

直切法 ④

(2) **推刀切**

这种刀法要求刀与砧板面垂直，刀自上而下、从右后方向左前方推刀下去，一推到底，将原料断开。它用于把原料加工成片状，再施用其他刀法，加工出丁、丝、条、块、粒或其他几何形状。

操作方法：

①左手扶稳原料，用中指第一关节弯曲处顶住刀膛。

②刀从上至下，自右后方向左前方推切下去，将原料切断，如此反复推切，至切完原料为止。

技术要求：左手运用指法朝后方移动，每次移动都要求刀距相等。刀在运行切割原料时，通过右手腕的起伏摆动，使刀产生一个小弧度，从而加大刀在原料上的运行距离，用刀要充分有力，克服"连刀"的现象，一刀将原料推切断开。

适用原料：加工各种韧性原料，如无骨的猪、牛、羊肉。对硬实性原料，如火腿、海蛰、海带等也适用。

推刀切 ①

推刀切 ②

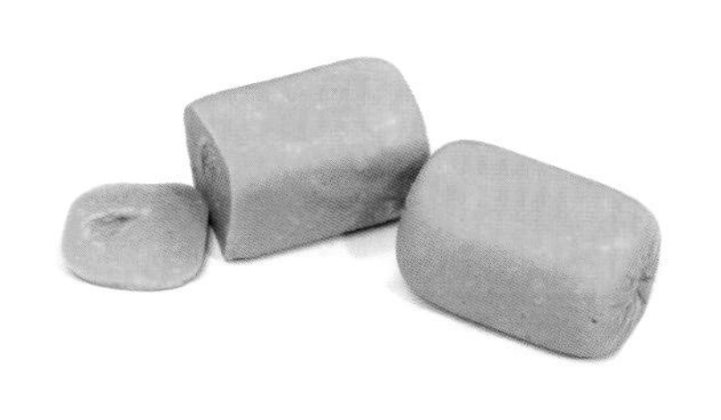

(3) **拉刀切**

拉刀切是与推刀切相对的一种刀法，要求刀与砧板面垂直，用刀刃的中后部位对准原料被切位置，刀由上至下，从左前方向右后方运动，一拉到底，将原料切断。这种刀法主要是用于把原料加工成片、丝等形状。

操作方法：

①左手扶稳原料，用中指第一关节弯曲处顶住刀膛。

②右手持刀，用刀刃的后部位对准原料被切的位置，从左前向右后方移动，拉切下去，如此反复拉切，至切完原料为止。

拉刀切 ①

拉刀切 ②

技术要求：左手运用指法向后方移动，要求刀距相等。刀在运行时，通过手腕的摆动，使刀在原料上产生一个弧度，加大刀的运行距离，避免“连刀”现象，用力要充分，一拉到底，将原料拉切断开。

适用原料：拉刀切适宜加工韧性较弱的原料，如里脊肉、通脊肉、鸡脯肉等。

（4）推拉刀切

推拉刀切是一种推刀切与拉刀切连贯使用的刀法。操作时，刀先向左前方行刀推切，接着再行刀向右后方拉切。一前推、一后拉，迅速将原料断开。这种刀法效率较高，主要用于将原料加工成丝状或片状。

操作方法：左手扶稳原料，右手持刀，先用推切的刀法，将原料断开（方法同推刀切）；再运用拉切的方法，将原料断开（方法同拉刀切），如此将推刀切和拉刀切连续起来，反复推拉切，直至切完。

技术要求：先分别掌握推刀切和拉刀切的刀法，再将两种刀法连贯起来。操作时，只有在将原料完全推切断开以后，才做拉刀切，用力要充分，动作要连贯。

适用原料：加工韧性较弱的原料，如里脊肉、通脊肉、鸡脯肉等。

（5）锯刀切

这种刀法要求刀与砧板面垂直，刀前后往返几次运动如拉锯般切下，直至将原料完全切断为止。锯刀切主要是把原料加工成片状。

操作方法：

①左手扶稳原料。

②刀要与原料保持一定的斜度，用中指第一关节弯曲处顶住刀膛。

③右手持刀，用刀刃的前部对准原料被切位置。

④刀在运动时，先向左前方运行，刀刃移动到原料的中部位时，再将刀向右后方拉回，如此反复多次，将原料切断。

锯刀切 ①

锯刀切 ②

锯刀切 ③

锯刀切 ④

适用原料：加工质地松软的原料，如面包等。对软性原料，如各种酱猪、羊肉和黄白蛋糕及蛋卷、肉糕等也适用。

（6）滚刀切

操作方法：

①左手扶稳原料，用中指第一关节弯曲处顶住刀膛。

②右手拿刀，并用刀刃的前部对准原料被切的位置，让刀膛和原料保持一定的斜度。

③运用直刀切刀法，将原料切断。

④每切完一刀后，都要把原料朝一个方向滚动一次，这样反复进行。

滚刀切 ①

滚刀切 ②

滚刀切 ③

滚刀切 ④

技术要求：无论加工何种质地的原料，每完成一刀后，都要把原料朝一个方向滚动一次，每次滚动的角度最好能够一致，这样才能使成形原料规格保持统一。

适用原料：滚料切适宜加工一些圆柱形或者近似圆柱形的脆性原料，如各种萝卜、冬笋、莴笋、黄瓜、茭白、土豆等。经过加工形成条、块、段后的韧性原料，如通脊肉、里脊肉或其他部位

的肉等也适用。

（7）铡刀切

这种切法要求一手握刀柄，一手握刀背前部，两手上下交替用力压切。运用这种刀法主要是把原料加工成末的形状，或是分瓣之用。

操作方法：

①左手握住刀背前部，右手握刀柄，刀刃前部垂下，刀后部翘起，被切原料放在刀刃的中部。

②右手用力压切。

③再将刀刃前部翘起。

④接着左手用力压切，如此上下反复交替压切。

铡刀切 ①

铡刀切 ②

铡刀切 ③

铡刀切 ④

技术要求：操作时左右两手反复上下抬起，交替由上至下摇切，动作要连贯。

适用原料：适宜加工带软骨或比较细小的硬骨原料，如蟹、烧鸡等。对形圆、体小、易滑的原料，如花椒、花生米、煮熟的蛋类等原料也适用。

2. 剁（又称斩）

（1）单刀剁

这种刀法操作时要求刀与砧板面垂直，刀上下运动，抬刀较高，用力较大。这种刀法主要用于将原料加工成末的形状。

操作方法：

①原料放置砧板面中间，左手扶砧板边，右手持刀，把刀抬起。

②用刀刃的中前部位对准原料，用力剁碎。

③当原料剁到一定程度时，用左手将原料拢起，右手使刀身倾斜，用刀将原料铲起归堆，再反复剁碎直至原料达到加工要求。

单刀剁 ①

单刀剁 ②

单刀剁 ③

技术要求：操作时，用手腕带动小臂上下摆动，挥刀将原料剁碎，同时要勤翻原料，使其均匀细腻。用刀要稳、准，富有节奏，并要注意抬刀不要太高，否则容易将原料甩出，造成浪费。

适用原料：适宜加工脆料，如白菜、葱、姜、蒜等。对韧性原料，如猪、羊肉、虾肉等也适用剁法加工。

（2）双刀剁（又称排斩）

双刀剁操作时要求两只手各持一把刀，两把刀呈八字形，与砧板面垂直，上下交替运动。这种刀法用于加工成形原料，与单刀剁相同，只是比单刀剁工效率高一些。

操作方法：

①两只手各持一把刀，两把刀保持一定的距离，呈八字形。

②两刀垂直上下交替排剁，切勿相碰。

③当原料剁到一定程度时，两刀各向相反的方法倾斜，然后用刀将原料铲起归堆，再继续行刀排剁。

双刀剁 ①

双刀剁 ②

双刀剁 ③

技术要求：用手腕带动小臂上下摆动，挥刀将原料剁碎，同时要将原料勤翻，使其均匀细腻，抬刀不要过高，否则容易将原料甩出，造成浪费。

适用原料：双刀剁与单刀剁相同，都适宜加工脆

性原料，如白菜、葱、姜等。对猪、牛、羊肉、虾肉等韧性原料也宜用。

（3）单刀背捶

这种刀法要求左手扶砧板，右手持刀，刀刃朝上，刀背与砧板面平行，刀垂直上下捶击原料。主要用于加工肉蓉和捶击原料表面，使肉质疏松，或将厚肉片捶击至呈薄肉片状。

操作方法：

①左手扶砧板，右手持刀，刀刃朝上，刀背朝下。

②捶击原料。

③当原料被捶击到一定程度时，用左手将原料拢起，右手使刀身倾斜，用刀将原料铲起归堆，再反复捶击原料，直至符合加工要求。

单刀背捶 ①

单刀背捶 ②

单刀背捶 ③

技术要求：刀背要与砧板面平行，加大刀背与砧板面的接触面积，使之受力均匀，提高效率。用力要均匀，抬刀不要过高，避免将原料甩出，勤翻动原料，使加工的原料均匀细腻。

适用原料：适宜加工经过细选的韧性原料，如鸡脯肉、里脊肉、净虾肉、肥膘肉、净鱼肉等。

（4）双刀背捶

这种刀法要求左右两手各持一把刀，将刀背朝下，与砧板面平行，两把刀上下交替垂直运动。主要用于加工肉蓉，工作效率较高。

操作方法：

①左右两手各持一把刀，将刀背朝下，与砧板面平行，两把刀呈八字形。

②两刀上下交替用刀背捶击原料。

③当原料加工到一定的程度时，将刀刃朝下，两刀向相反方向倾斜，用刀将原料铲起归堆，再用刀

双刀背捶 ①

双刀背捶 ②

双刀背捶 ③

背捶，直至达到加工要求。

技术要求：两刀刀背与砧板面保持平行，加大刀背与砧板面的接触面积，使原料受力均匀。刀在运动时抬刀不要过高，避免将原料甩出，要勤翻动原料，使加工后的肉蓉均匀细腻。

适用原料：适宜加工经过细选的韧性原料，如鸡脯肉、净虾肉、净鱼肉、肥膘肉、通脊肉等。

（5）刀尖（跟）排

这种刀法要求刀垂直上下运动，用刀尖或刀跟在片形的原料上扎排上几排分布均匀的刀口，用以斩断原料内的筋络，防止原料因受热而卷曲变形，也便于调味料的渗透和扩大受热面积，易于加热。如加工“炸板里脊”“炸板大虾”“炸柳叶鸡脯”等。

操作方法：

左手扶稳原料，右手持刀，将刀柄提起，刀对准原料，刀尖在原料上反复起落，扎排刀口。如此反复进行，直至符合加工要求为止。

技术要求：刀要保持垂直起落，刀口间隙要均匀，用力不要过大，轻轻将原料扎透即可。

刀尖（跟）排

适用原料：适宜加工经过加工的、呈厚片状的韧性原料，如大虾、通脊肉、鸡脯肉等。

3. 砍（又称劈）

（1）直刀砍

这种刀法左手扶稳原料，右手将刀举起，使刀上下垂直做运动，对准原料被砍的部位，用力直砍下去，使原料断开。主要用于将原料加工成块、条、段等，也用于分割大型带骨的原料。

操作方法：

①左手扶稳原料，右手持

直刀砍 ①

直刀砍 ②

刀，将刀举起。

②用刀刃的中前部，对准原料被砍的位置，一刀将原料砍断。

技术要求：右手握牢刀柄，防止脱手，将原料放平稳，左手扶料，要使手远离落刀点，防止伤手。落刀要充分有力、准确，尽量不重复用刀，将原料一刀砍断。

适用原料：适宜加工形体较大或带骨的韧性原料，如整鸡、整鸭、鱼、排骨、猪头和大块的肉等。

（2）跟刀砍

这种刀法要求左手扶稳原料，将刀刃垂直嵌牢在原料被砍的位置内，使原料与刀同时上下起落，将原料断开。主要用于将原料加工成块。

操作方法：

①左手扶稳原料，右手持刀，用刀刃的中前部对准原料被砍的位置，紧嵌在原料内部。

跟刀砍 ①

跟刀砍 ②

跟刀砍 ③

②左手持原料并与刀同时举起。

③用力向下砍断原料，刀与原料同时落下，如此反复进行。

技术要求：左手牢固地持着原料，选好原料被砍的位置，将刀刃紧嵌在原料内部（防止脱落引起事故）。原料与刀要同时举起和落下，向下用力砍下原料，一刀未断开时，可连续再砍，直到原料完全断开为止。

适用原料：跟刀砍适宜加工脚爪、猪蹄及小型的冻肉等。

（3）拍刀砍

这种刀法要求右手将刀持住，并将刀刃架在原料被砍的位置上，左手半握拳或伸平，用掌心或掌根向刀背拍击，将原料砍断。主要是把原料加工成整齐、均匀、大小一致的块、条、段等形状。

拍刀砍 ①

拍刀砍 ②

拍刀砍 ③

操作方法：

①左手扶稳原料，右手持刀，刀刃对准原料被砍的位置上。

②左手离开原料并举起。

③用掌心或掌根拍击刀背，使原料断开。

技术要求：原料要放平稳，用掌心或掌根拍击刀背时要充分有力，原料一刀未断，刀刃不可离开原料，可连续拍击刀背，直至原料完全断开为止。

适用原料：适宜加工形圆、易滑、质硬、带骨的韧性原料，如鸭头、鸡头、酱鸡、酱鸭等。

拍刀 ①

（4）拍刀

这种刀法要求右手将刀持住，并将刀身端平，用刀膛拍击原料。拍刀主要用于拍松或将较厚的韧性原料拍得更薄。

拍刀 ②

操作方法：

①左手将原料放置在砧板面上，右手持刀，刀刃锋口朝右外侧，同时把刀举起。

②用力拍击原料。

③当刀拍击原料后，顺势向右前方滑动，脱离原料，以免原料被吸附在刀上。

技术要求：操作时，拍击原料所用力的大小，要视不同情况具体掌握，以把原料拍松、拍碎或拍薄为度。用力要均匀。一次拍刀未达到目的，可再次拍击。

适用原料：适宜加工脆性原料，如大葱、老蒜、鲜姜等。对经过精选的猪、牛、羊各部位的瘦肉、鸡脯肉等韧性原料也宜用拍刀加工。

拍刀 ③

平刀法

平刀法是指刀与砧板面平行呈水平运动的技法，可分为：平刀直片（批）、平刀推片（批）、平刀拉片（批）、平刀推拉片（批）、平刀抖片（批）、平刀滚料片（批）等。

1. 平刀直片（批）

这种刀法要将刀膛与砧板面平行，使刀做水平直线运动，然后将原料一层层地片（批）开。这种刀法主要是将原料加工成片状，再运用其他刀法加工成丁、粒、丝、条、段或其他几何形状。

操作方法：

①将原料平放在砧板面里侧（靠腹侧一面），左手压住原料，右手持刀端平，用刀刃的前端开始片（批）进原料。

②先片出第一层，平退出刀刃，再开始片第二片。

③同时用左手拇指将片好的原料，均匀地叠压在手心里。

④用重复的刀法将原料依次片完，然后将片好的原料叠满在手里。

平刀直片 ①

平刀直片 ②

平刀直片 ③

平刀直片 ④

技术要求：要尽量使刀身端平，不要忽高忽低，使刀保持水平直线片（批）进原料。刀在运动时，下压的时候用力要小，以免将原料挤压变形。

适用原料：适宜加工固体性原料，如豆腐、鸡血、鸭血、猪血等。

2. 平刀推片（批）

这种刀法要求刀膛与砧板面保持平行，刀从右后方向左前方运动，将原料一层层片（批）开。主要用于把原料加工成片的形状，再运用其他刀法加工成丝、条、丁、粒等形状。

平刀推片（批）又可分为上片和下片两种操作方法：

（1）上片方法

上片方法就是在原料的上端起刀，使原料一层层地片（批）开。

操作方法：

①将原料放在砧板面里侧，距离砧板面外缘约 3 厘米处。

②左手扶按原料，手掌作支撑。右手持刀，用刀刃的中前部位对准原料上端需片（批）的位置，刀从右后方向左前方片（批）进原料。

③原料片（批）开之后，用手按住原料，将刀移至原料的右端。

④将刀抽出，脱离原料，用食指、中指、无名指捏住原料翻转。

⑤紧接着翻起手掌，随即将手翻回（手背向上），将片（批）下的原料贴在砧板上，如此反复推片（批）。

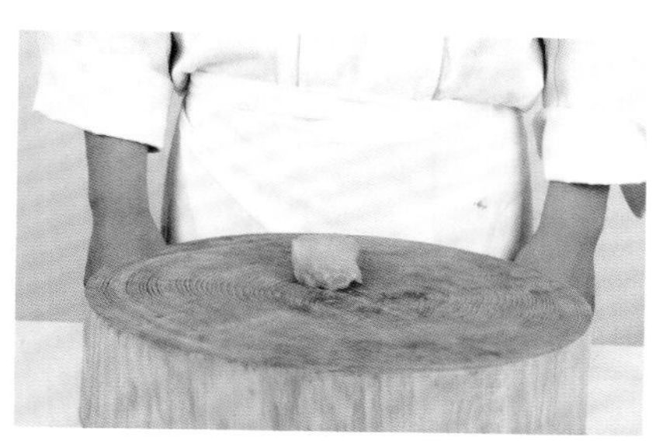

上片方法 ①

上片方法 ②

上片方法 ③

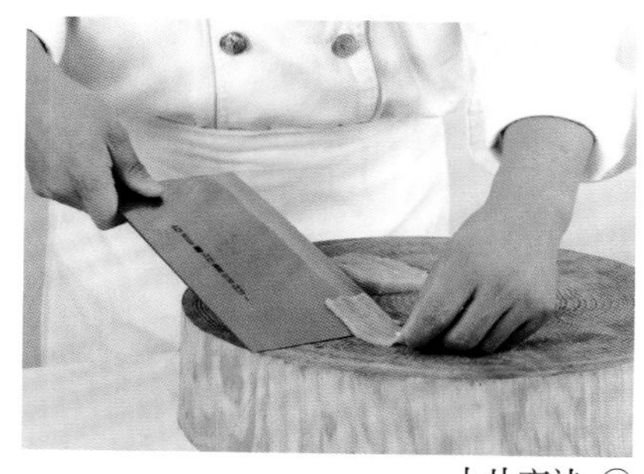

上片方法 ④

上片方法 ⑤

技术要求：尽量使刀端平，用刀膛加大力量压贴原料，从始至终动作要连贯紧凑。一刀未将原料片（批）开，可连续推片，直到将原料片（批）开为止。

适用原料：适宜加工韧性较弱的原料，如通脊肉、鸡脯肉等。

（2）下片方法

下片法，即在原料的下端起刀，平刀推片（批），将原料一层层地片（批）开。

操作方法：

①将原料放置于砧板面右侧。

②左手扶按原料，右手持刀，并将刀端平，用刀刃的前部对准原料需片（批）的位置。

③用力推片（批），使原料移至刀刃的中后部位，片（批）开原料。

④随即将刀向右后方抽出。

⑤用刀刃前部将片（批）下的原料一端挑起，用左手随之将原料拿起。

⑥刀前端压住原料一端。

⑦再将片（批）下的原料放在砧板上，并用刀的前端压住原料一端。

⑧用左手四个手指按住原料，然后将手指分开，让原料舒平展开，使原料贴附在砧板面上。如此反复推片（批）。

下片方法 ①

上片方法 ②

上片方法 ③

下片方法 ④

上片方法 ⑤

上片方法 ⑥

下片方法 ⑦

上片方法 ⑧

技术要求：用手按稳原料，防止滑动，刀片（批）进原料后，左手施加下压力，在运行刀时要充分用力，尽可能将原料一刀片开，一刀未断开，可连续推片（批）直至原料完全片（批）开为止。

适用原料：适宜加工韧性较强的原料，如五花肉、坐臀肉、颈肉、肥肉等。

3. 平刀拉片（批）

这种刀法要求刀膛与砧板面平行，刀从左前方向右后方运动，一层层将原料片（批）开。这种方法主要用于将原料加工成片的形状，再运用其他刀法可加工出丝、条、丁、粒等形状。

操作方法：

①原料放在砧板面右侧。

②用刀刃的后部位对准原料需片（批）的位置。

③刀从左前方向右后方运动，用力将原料片（批）开。

④然后，刀膛贴住片（批）开的原料，继续向右后方运动至原料一端。

⑤随即用刀前端挑起原料一端。

⑥用左手拿起片（批）开的原料，放置墩面左侧。

⑦用左手指按住原料，再用刀的前端压住原料的一端，将原料纤维抻直。

⑧手指分开使原料贴附在砧板面上，如此反复拉片（批）。平刀拉片法与平刀推片法有相似之

平刀拉片 ①

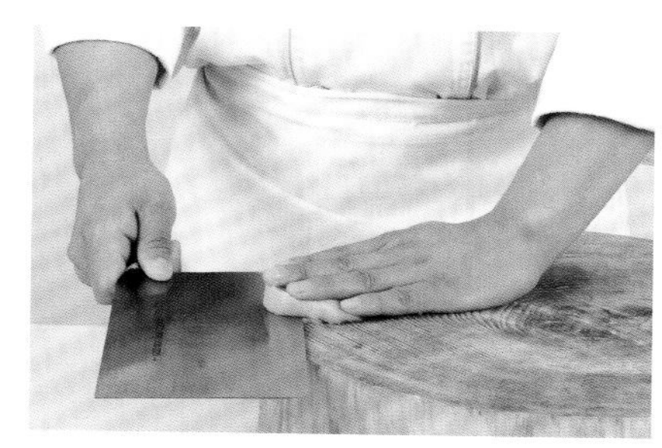

平刀拉片 ②

平刀拉片 ③

平刀拉片 ④

平刀拉片 ⑤

平刀拉片 ⑥

平刀拉片 ⑦

平刀拉片 ⑧

处，不同点在于刀的运动方向相反。

技术要求：用手按稳原料，防止滑动，在运刀时用力要充分，原料一刀未被片（批）开，可连续拉片（批），直至原料被完全片（批）开。

适用原料：适宜加工韧性较弱的原料，如里脊肉、通脊肉、鸡脯肉等。

4. 平刀推拉片（批）

这是一种将平刀推片与平刀拉片连贯起来的刀法。操作时，刀先向左前方行刀推片，接着再行刀向右后方拉片，这样反复推拉片，使原料完全断开。主要用于将原料加工成片状。

操作方法：先将原料放在砧板面右侧，左手扶稳原料，右手持刀。先运用平刀推片的方法，将刀片推进原料里，然后运用平刀拉片的方法继续片原料，将平刀推片和平刀拉片两种刀法连结起来，反复推拉片，直至将原料全部片断为止。具体操作方法，可参考平刀推片和平刀拉片图例。

技术要求：首先要求掌握平刀推片和平刀拉片的刀法，再将这两种刀法连贯起来。操作时，要将原料用手压实并扶稳。无论是平刀推片还是平刀拉片，运刀都要充分有力，动作要连贯、协调、自然。

适用原料：通常用于加工韧性较强的原料，如颈肉、蹄髈、腿肉等。对于韧性较弱的原料，如里脊肉、通脊肉、鸡脯肉等也适用。

5. 平刀滚料片（批）

这种刀法要求刀膛与砧板面平行，刀从右向左运动，原料向左或向右不断滚动，片（批）下原料。这种刀法主要是将原料加工成片的形状。

平刀滚料片（批）可分为两种操作方法。

（1）滚料上片（批）

操作方法：

①将原料放在砧板面里侧，左手扶稳原料，右手持刀与砧板面保持平行，然后用刀刃的中前部位对准原料需片（批）的位置。

②左手向右推动原料，刀随原料的滚动向左运行片（批）进原料，刀与原料在运动时要同步进行，直至将原料完全片开。

技术要求：尽量使刀端平，不要忽高忽低，否则容易将原料中途片（批）断，影响成品规格，刀推进的速度与原料滚动的速度也要保持一致。

滚料上片 ①

滚料上片 ②

适用原料：适宜加工圆柱形脆性原料，如黄瓜、胡萝卜、竹笋等。

（2）滚料下片（批）

操作方法：

①将原料放在砧板面里侧，左手扶稳原料，右手持刀端平，用刀刃的中间部位对准原料需片（批）的位置。

滚料下片 ①

滚料下片 ②

滚料下片 ③

②用左手将原料向左边滚动，刀随之向左边片（批）进。

③直至将原料完全片（批）开。

技术要求：尽量使刀膛与砧板面保持平行，刀在运行时不要忽高忽低，否则会影响成形规格和质量，原料滚动的速度应与进刀的速度一致。

适用原料：适宜加工成圆柱形的脆性原料，如黄瓜、胡萝卜、莴笋、冬笋等；也适宜加工近似圆柱形、锥形或多边形的韧性较弱的原料，如鸡心、鸭心、肉段、肉块等。

6. 平刀抖刀片（批）

这种刀法在操作的时候要求刀膛与砧板面保持平行，刀刃不断做波浪式运动（抖动），将原料一层层片（批）开。主要是将原料加工成锯齿片形状的基础上，运用其他刀法，可加工成齿牙条、丝、段等形状。

平刀抖刀片 ①

平刀抖刀片 ②

平刀抖刀片 ③

平刀抖刀片 ④

平刀抖刀片 ⑤

平刀抖刀片 ⑥

操作方法：

①将原料放在砧板面右侧，使刀膛与砧板面平行，用刀刃上下抖动，逐渐片（批）进原料。

②直至将原料片（批）开为止，形成波纹状。

技术要求：刀在上下抖动时，不可忽高忽低，进深刀距要相等。

适用原料：适宜加工固体性原料，如黄白蛋糕、豆腐干、松花蛋等。软化处理的脆性原料，如莴笋、胡萝卜等也可加工。

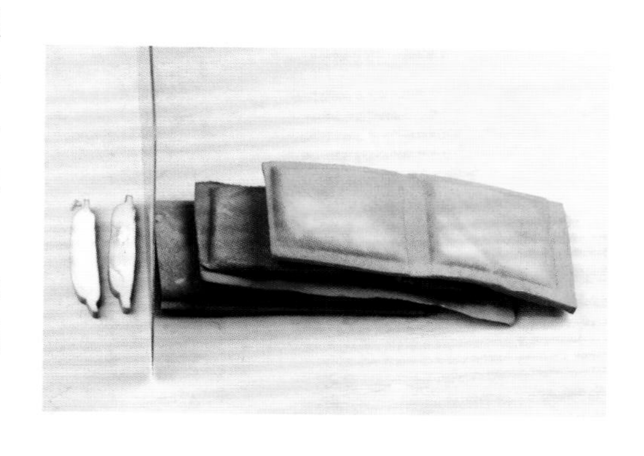

斜刀法

斜刀法是一种刀与砧板面呈斜角，刀做倾斜运动，将原料片（批）开的技法。这种刀法按刀的运动方向可分为斜刀拉片（批）、斜刀推片（批）等方法，主要用于将原料加工成片的形状。

1. 斜刀拉片（批）

这种刀法要求将刀身倾斜，刀背朝右前方，刀刃自左前方向右后方运动，将原料片（批）开。

操作方法：

①将原料放在砧板面里侧，左手伸直扶按原料，右手持刀。

②用刀刃的中部对准原料需片（批）的位置。

③刀自右前方向左后方运动，将原料片（批）开。

④原料断开后，随即将左手指微微弯曲成弓形，并带动片（批）开的原料向左后方移动，使原料离开刀，如此反复斜刀拉片（批）。

斜刀拉片 ①

斜刀拉片 ②

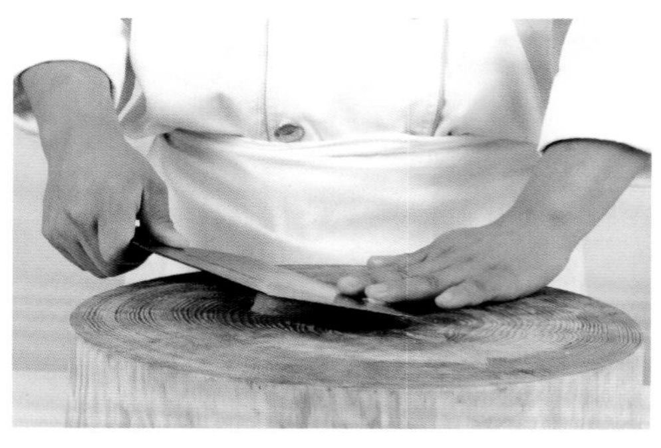

斜刀拉片 ③

斜刀拉片 ④

技术要求：刀在运动时，刀膛要紧贴原料，避免原料贴附在刀上或滑动，刀身的倾斜度要根据原形成形规格灵活调整。每片（批）一刀，刀与左手同时移动一次，并保持刀距相等。

适用原料：适宜加工各种韧性原料，如腰子、净鱼肉、大虾肉、猪牛羊肉等，对白菜帮、油菜帮、扁豆等也可加工。

2. 斜刀推片（批）

这种刀法操作时要求刀身倾斜，刀背朝左后方，刀刃自左后方向右前方运动。应用这种刀法主要是将原料加工成片的形状。

操作方法：

①左手扶按原料，将中指的第一关节微屈，并顶住刀膛，右手操刀。

斜刀推片 ①

斜刀推片 ②

斜刀推片 ③

斜刀推片 ④

②刀身倾斜，用刀刃的中前部位对准原料被片（批）的位置。

③自左后方向右前方斜刀片（批）进，使原料断开。

④如此反复斜刀推片（批）。

技术要求：刀膛要紧贴左手关节，每片一刀，左手与刀向左后方同时移动一次，并保持刀距一致。刀身倾斜的角度，可根据加工成形原料的规格灵活调整。

适用原料：适宜加工脆性原料，如芹菜、白菜等，对熟肚等软性原料也可用这种刀法加工

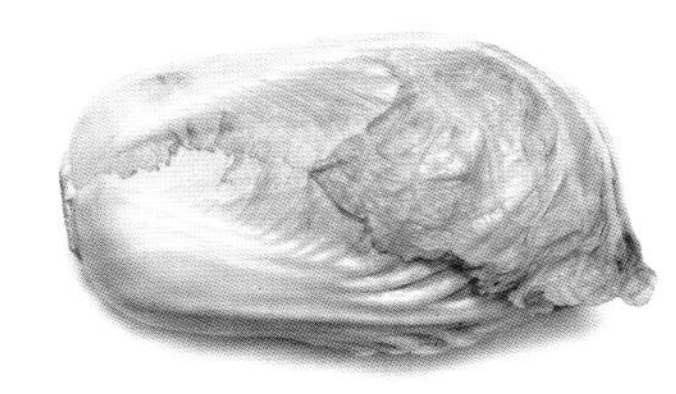

剞刀法

剞刀法是指刀作垂直、倾斜等不同方向的运动在原料上切或片（批）上横竖交叉、深而不断的花纹的刀工技法。这种刀法比较复杂，能把原料加工成各种形象美观、形态逼真（如麦穗形、松果形、灯笼形）的形状，给人以美好的艺术享受。

这种刀法可分为直刀剞、直刀推剞、斜刀拉剞、斜刀推剞等刀法。

1. 直刀剞

直刀剞与直刀切相似，只是刀在运行时不完全将原料断开。根据原料成形的规格，刀进深到一定程度时停刀，在原料上剞上直线刀纹，也可结合运用其他刀法加工出蓑衣黄瓜、齿边白菜丝、鱼鳃块等形状。

操作方法：

①右手持刀，左手扶稳原料，中指第一关节弯屈处顶住刀膛，用刀刃中前部位对准原料被剞位置。

②用刀作自上而下垂直运动，刀剞到一定深度时停止运行。

③然后再施刀直剞，直至将原料剞完。

直刀剞 ①

直刀剞 ②

直刀剞 ③

技术要求：左手扶料要稳，运用指法从右前方向左后方移动，保持刀距均匀，控制好进刀深度，做到深浅一致。

适用原料：适宜加工脆性原料（如黄瓜、冬笋、胡萝卜、莴笋等）和质地较嫩的韧性原料（如腰子、鱿鱼等）。

2. 直刀推剞

直刀推剞与推刀切相似，只是刀在运行时不完全将原料断开，留有余地。根据原料成形的规格，刀进深到一定程度时停刀，在原料上剞上直线刀纹，也可结合并运用其他刀法加工出荔枝形、麦穗形、菊花形等形象美观、千姿百态的成形原料。

操作方法：

①左手扶稳原料，中指第一关节弯屈处顶住刀膛，右手持刀，用刀刃的中前部对准原料被剞位置。

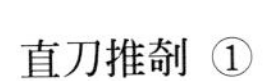

直刀推剞 ①

直刀推剞 ②

直刀推剞 ③

②刀自右后方向左前方运动，直至进深到一定程度时停止进行。

③然后将刀收回，再次行刀推剞，如此反复进行直刀推剞，直至原料达到加工要求为止。

技术要求：尽量使刀与砧板面保持垂直，控制好进刀的深度，然后运用指法使左手从右前方向左后方移动，做到深浅一致，并使刀距相等。

适用原料：适宜加工各种韧性原料，如腰子、猪肚领、净鱼肉、通脊、鱿鱼、鸡鸭胗、墨鱼等。

3. 斜刀推剞

斜刀推剞与斜刀推片（批）相似，只是刀在运行时不完全将原料断开，留有余地。根据原料成形的规格，刀进深到一定程度时停刀，在原料上剞上斜线刀纹，也可结合并运用其他刀法将原料加工成松果形、麦穗形、菊花形等形态。

操作方法：

①左手扶稳原料，中指第一关节微弓，紧贴刀膛。

斜刀推剞 ①

斜刀推剞 ②

斜刀推剞 ③

②右手持刀，用刀刃中前部对准原料被剞位置。

③刀自左后方向右前方运动，直至进深到一定程度时，刀停止运行，然后将刀推回，再反复斜刀推剞，直至原料达到加工要求为止。

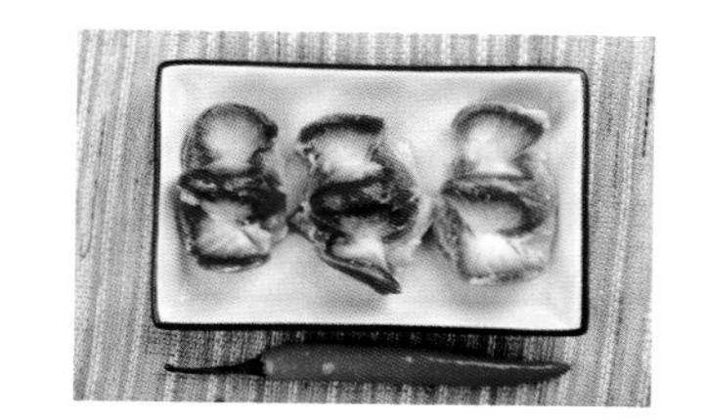

技术要求：尽量使刀与砧板面的倾斜角度及进刀深度保持一致，刀距相等。

适用原料：适宜加工各种韧性原料，如腰子、鱿鱼、通脊、鸡鸭胗、猪肚领等。

4. 斜刀拉剞

斜刀拉剞与斜刀拉片（批）相似，只是刀在运行时不完全将原料断开。根据原料成形的规格，刀进深到一定程度时停刀，在原料上剞上斜线刀纹，也可结合并运用其他刀法加工出如麦穗形、灯笼形、锯齿形等形态。

操作方法：

①左手扶料，右手持刀。

②用刀刃的中部对准原料被剞位置。

③刀自左前方向右后方运动，进深到一定程度时即停止，然后将刀抽出，再反复斜刀拉剞，直到原料达到成形规格为止。

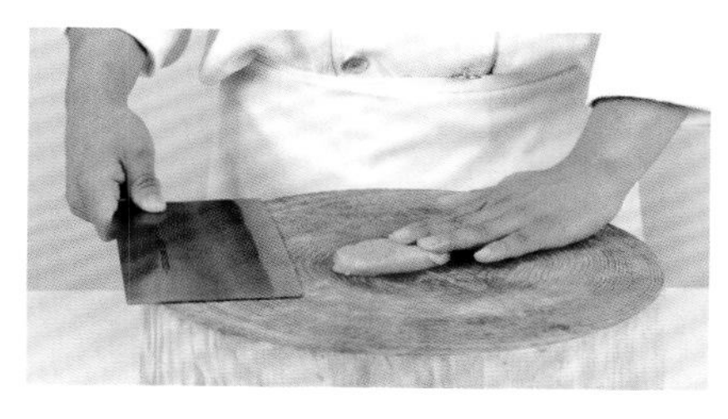

斜刀拉剞 ①

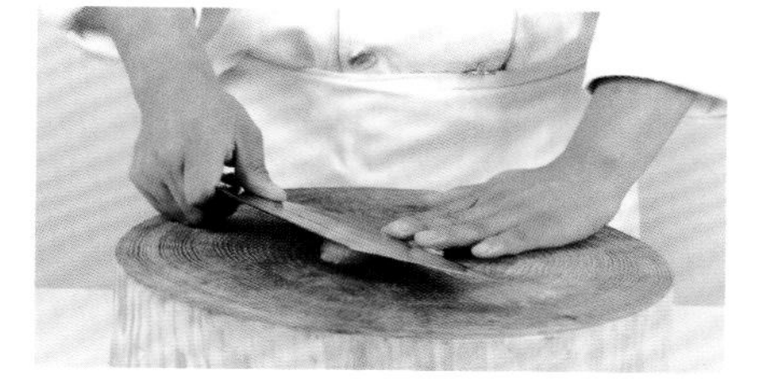

斜刀拉剞 ②

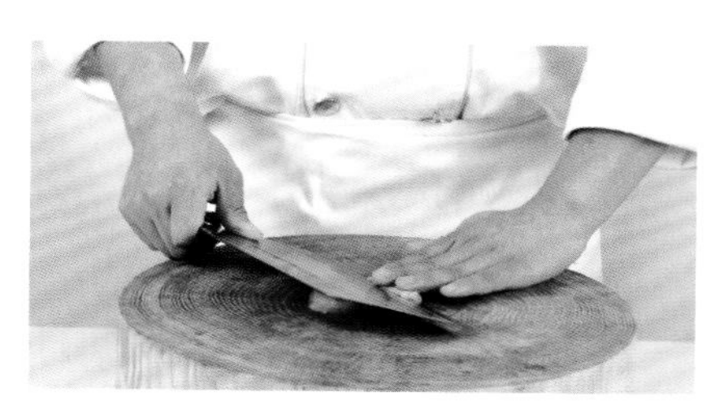

斜刀拉剞 ③

技术要求：尽量使刀与砧板面的倾斜角度及进刀深度保持一致，刀距要相等。刀膛要紧贴原料运行，防止原料滑动。

适用原料：适宜加工韧性原料，如腰子、通脊肉、净鱼肉等。

No.3 刀工的实战技法

一、形状技法

原料经过不同的刀法加工后，成为既便于烹调，又便于食用的各种形状。成形后的原料常见的有块、片、丝、条、丁、粒、末、段、蓉、球和丸等。

块的加工法

1. 块的概述

块是原料中较大的一种形状，形状和种类很多，凡质地较为松软、脆嫩，或质地虽然较坚硬、但去骨去皮后可切断的原料，一般可采用切的刀法切成块。

块状烹调原料加工过程中，经常使用的刀法有直刀法中的切、剁、斩等。块多用于烧、焖、煨，也有用于熘、炒的，但块形宜小一些。

块的大小决定于原料所切成条的宽窄、厚薄，也决定于不同的刀法。要使块的形状整齐，所切断的段和条宽窄一致、厚薄相等，刀口也要相等。

块的切法示例：

①先将原料切成较大的形状。

②然后将原料去皮。

③再将原料改切成块。

块①

块②

块③

块的种类很多，常用的有菱形块、正方块、长方块、骨牌块、劈柴块、斧头块、象眼块、滚刀块等。

各种块形的选择，应根据烹调的需要以及原料的性质、特点来决定。一般用于烧、焖的原料，块形稍大一些；用于熘、炒的，块形稍小一些；原料质地松软、脆嫩的，块形可稍大一些；质地坚硬或带骨的原料，块形可稍小一些。块形较大的，先两面剞成花刀，再切成块。

2. 常见块状原料的加工方法

（1）菱形块

菱形块有大小之分。先将整形后的原料切成 1.5 厘米厚的片，然后顺着边的长度将原料片切成 1.5 厘米宽的长条，将长条状的原料切成 2.5 厘米长度的菱形，即成大的菱形块。而小菱形块长对角线长约 1.5 厘米，短对角线长约 0.8 厘米，厚约 0.8 厘米。

菱形块

（2）正方块

正方块是指其长、宽、厚相同的块。将原料切成 1.5 ～ 2 厘米厚的片，顺片的长度切成 1.5 ～ 2 厘米的条状，将条状原料切成 1.5 ～ 2 厘米的方块。1.5 厘米见方的方块通常为小方块，2 厘米见方的方块为大方块。

正方块

（3）长方块

长方块是将原料切成 0.8 厘米厚的片，顺片的长度切成 1.5 厘米宽的条，再切成长约 3 厘米的块。

长方块

（4）劈柴块

劈柴块多用于质地松脆的植物性烹调原料，如冬笋、黄瓜和茭笋等。先将原料切成 0.8 厘米厚的片，用刀面将其拍击至松散，再顺其长度斜切成长约 3 厘米的条。

劈柴块

骨牌块

(5) 骨牌块

用于加工带骨的猪排、羊排等。先将原料切成3厘米宽的条，然后用剁的刀法将原料剁成约3厘米见方的块。它是以猪的软肋骨的宽窄、厚薄为标准的。

滚刀块

(6) 滚刀块

滚刀块是用滚切的方法加工而成的，用于加工体形呈圆柱形、球形、椭球形的根茎类和瓜果类的蔬菜，如黄瓜、土豆、茄子、莴苣和胡萝卜等。在切的过程中，刀刃要与原料呈一定的斜角，下刀的同时摆动或转动原料，切成长约2.5厘米，宽、厚约为1.5厘米的不规则的但形体大小一致的三棱柱体。

斧头块

(7) 斧头块

斧头块是形似斧头的块。这种块的切法，是将原料先切成长方条，再斜刀切成三角形块。

象眼块

(8) 象眼块

象眼块，因形如大象的眼睛而得名。切法是先将原料切成大片，再将大片用斜刀改成长条，之后横截长条切出菱形的象眼块。

片的加工法

1. 片的概述

片是常见的一种刀工形状，是用直刀法的切或平刀法的片（批）完成的。脆性原料用切，韧性原料用片（批）。片的形状也有多，由于原料不同、制法不同、火候不同，因此片的成形也有所不同。如鸡片、鸭片、鹅片，虽然都是禽类原料，但由于鸡的质地比鸭和鹅细嫩一些，因此切出的片就宜比鸭和鹅的片略为厚一些；相反，鸭和鹅的片就要略为薄一些。

对于质地较坚硬和形状较厚大的，可以采用切的方法。即将原料除去瓤、皮、筋、骨以后，先按要切片形的大小和规格，将原料切成长形或长条，然后再切成片。对一些质地较松软，直切不易切整齐，以及原料本身的形状较为扁薄无法直切的，可将原料片（批）成片状。如鱼片、花枝片。

片有不同的大小和厚薄，主要是根据原料的质地和烹调方法确定片的形状、厚薄和大小。从烹调需要来看，一般用于涮、汆、爆的片要薄一些，爆、熘、炒、炸、烤的片可稍厚一些。某些质地松软、容易碎散的原料，如鱼片、豆腐片等需要厚一些；质地较硬或带有韧性及脆性的原料，如鸡片、肉片、萝卜片、笋片等，则宜稍薄一些。

常用的片有正方片、长方片、象眼片、凤眼片、腰子片、骨牌片、指甲片、月芽片、柳叶片、梳子片、夹刀片（合页片）等。在片状原料加工过程中，经常使用的刀法有直刀法中的直切、推切、拉切、锯切，斜刀法的正刀片、反刀片，平刀片中的直片、推拉片。

片的切法示例：

①先将原料切大块。

②然后将原料去皮。

③再将原料改切成片。

片 ①

片 ②

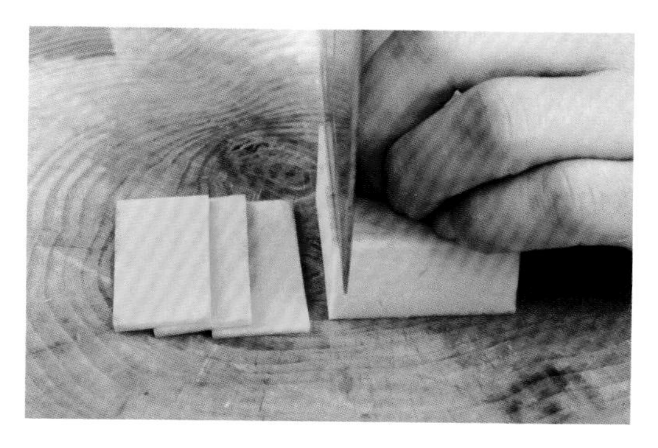

片 ③

菱形片

月牙片

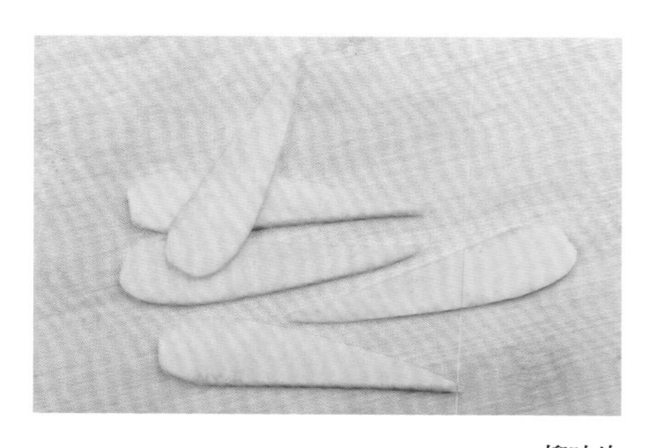
柳叶片

2. 常见片状原料的加工方法

（1）菱形片

将原料切成 0.2 ～ 0.3 厘米的薄片，顺长度方向切成 1.5 厘米宽的长片。刀刃与原料成斜角，切成厚 0.2 ～ 0.3 厘米、短轴 1.5 厘米、长轴 3 厘米的菱形片。呈柱形的黄瓜、青笋、胡萝卜等可斜切成相应大小的菱形块，再将菱形块切成菱形片。

（2）月牙片

弧度小于指甲片的半圆形片称为月牙片，适用于呈圆柱形、球形的原料，如藕、黄瓜、土豆、青笋等。操作方法：先将圆形的或长圆形的整体原料切为两半，然后再顶刀切成厚 0.2 ～ 0.4 厘米的半圆形片。

（3）柳叶片

柳叶片薄而窄，两头尖，形状如柳叶，即又窄又长的弧形片。适用于植物性烹调原料，如冬笋、胡萝卜等，可先切成带有弧度的长尖形的块，再切成呈柳叶状的片，长 3 ～ 5 厘米，厚 0.1 ～ 0.3 厘米。也适用于动物性烹调原料，如鸡脯肉的切片加工。

（4）夹刀片（合页片）

夹刀片又称合页片，是用直切的方法，第一刀不切断，第二刀切断，成为两片一组，一端相连一端切开的片。切夹刀片时，连着的部分约为整料厚度的 1/5，主要适用于扁平状的动物性烹调原料，如鱼肉、猪通脊，以及有一定硬脆度的植物性烹调原料，如冬瓜、莲藕、茄子等。

（5）指甲片

指甲片即半圆形的片，形如指甲。将圆柱形原料（如黄瓜、茄子、藕）顺长切两半，再顶刀切成片，即为指甲片。

夹刀片

指甲片

（6）抹刀片

抹刀片是将原料切成0.4厘米厚、4厘米长、2.5厘米宽的片。

（7）象眼片

象眼片和象眼块的形状相似，只是比较薄。切法和象眼块相同。

（8）磨刀片

磨刀片是用斜刀正片的方法片出的片，多用于薄而长的原料。

（9）长方片

长方片和长方块的切法相似，只是比较薄，一般在0.3厘米之内。

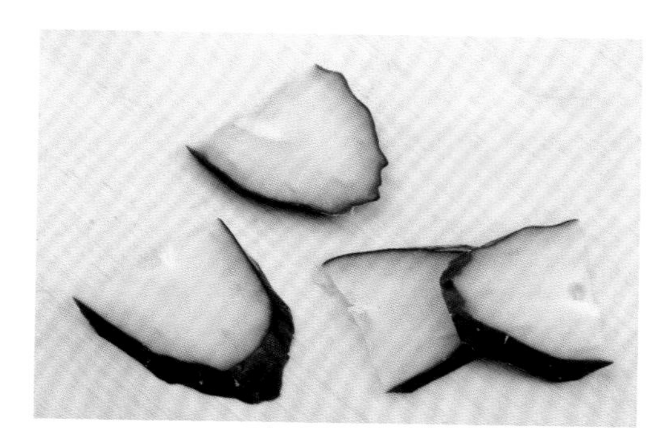

抹刀片

象眼片

3.切片的注意事项

①切片时，持刀平稳，左手按物要稳，用力均匀，轻重一致。

②在切片的过程中，要随时保持砧板表面的干净。

长方片

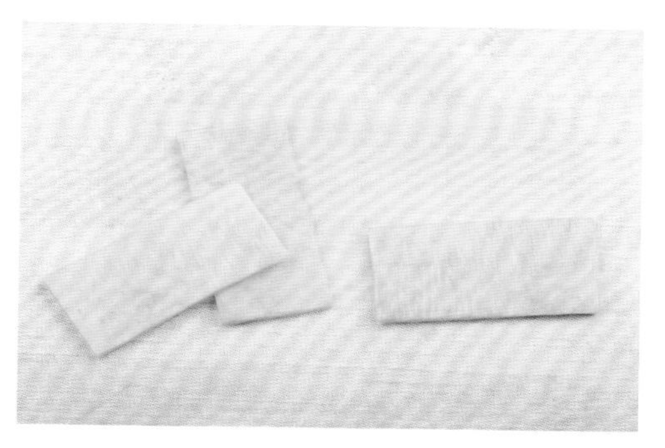

磨刀片

丝的加工法

1. 丝的概述

丝是菜肴原料中体积较小，也较难切的一种形状。切丝的具体操作方法是先将原料切成片，然后再将片切成丝。丝有粗细之分，一般以普通火柴棒为标准，比火柴棍粗的叫粗丝，比火柴棍细的叫细丝。切丝时经常使用的刀法有直刀片、反刀片和平刀法中的直片、推拉片、抖刀片。

丝的切法示例：

①左手扶料，右手持刀，先切去皮。

②然后将原料切成厚薄均匀的片。

③再将片改切成丝。

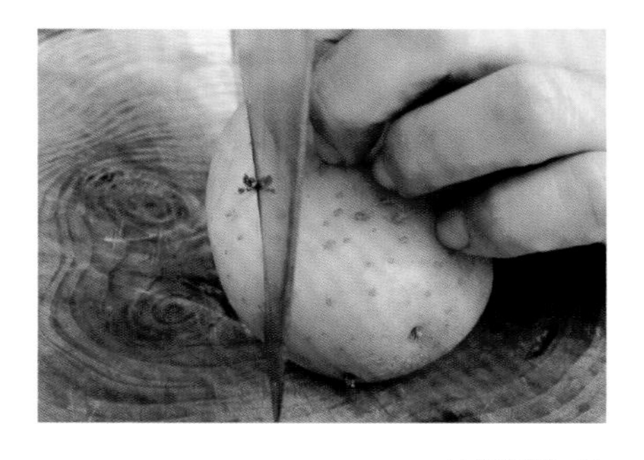

丝的切法 ①

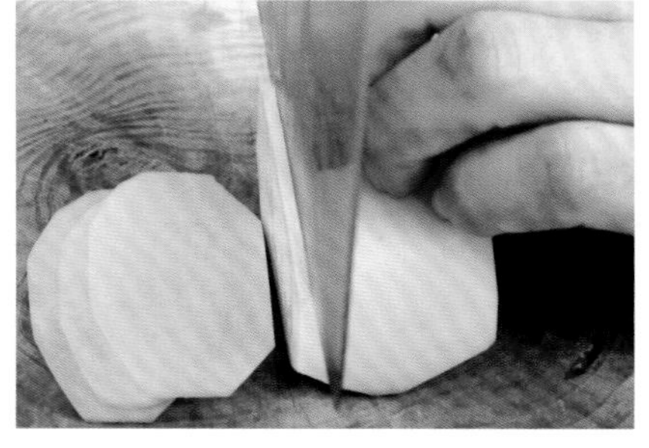

丝的切法 ②

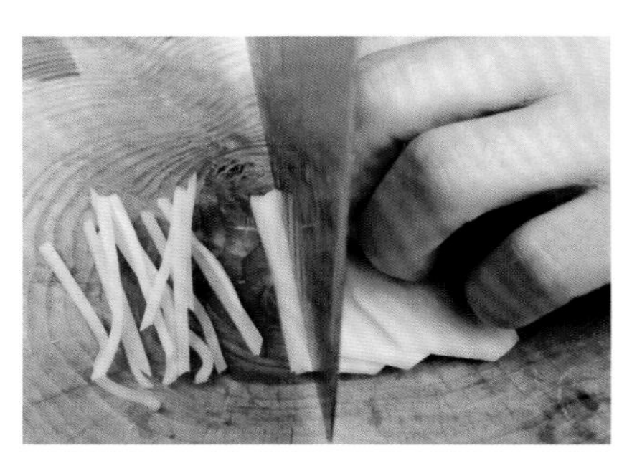

丝的切法 ③

2. 丝的种类

（1）头粗丝

头粗丝是指长度为 5 厘米、粗细为 0.4 厘米的线，适用于鱼肉丝的加工。

头粗丝

（2）粗丝

粗丝是指长度为 5 厘米、粗细为 0.3 厘米的丝，比火柴棍粗，适用于猪里脊、牛里脊的加工。

（3）细丝

细丝是长度为 5 厘米、粗细为 0.2 厘米的丝，比火柴棍细，适用于鸡脯肉的加工。

粗丝

细丝

3. 常见丝状原料的加工方法

先将原料顺着纤维切成薄片，然后将薄片整齐地叠放，刀顺着纤维切成丝状。切丝时，为提高效率，常将已切好的片叠起来切，叠的方法有以下几种：

（1）瓦楞形叠法

此法多用于切干丝。

（2）砌砖形叠法

此法多用于切萝卜丝。

（3）卷筒形叠法

此法多用于切百叶丝、鸡蛋皮、豆皮等。

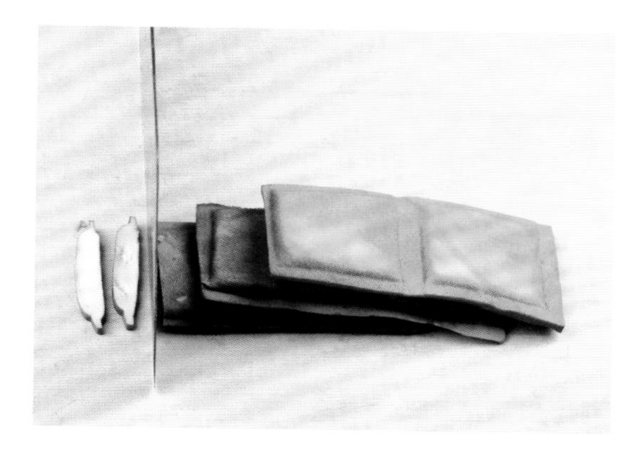

瓦楞形叠法

砌砖形叠法

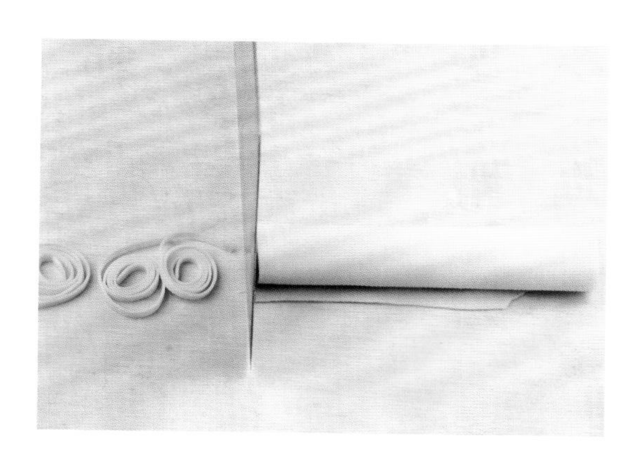

卷筒形叠法

4. 切丝的注意事项

①切丝的片要厚薄均匀，切丝时要切得长短尽量一致，粗细必须均匀。

②切丝前，要将切好的片码整齐，不要码得太厚，否则切时就容易滑动。左手压料要紧，使料不滑动，刀距要均匀。

③切丝要根据原料的性质来决定丝的方向，有的需要横切，有的需要直切。例如猪肉、鸡肉等较嫩的原料，应该顺着纤维切丝，否则烹制后凌乱不齐；牛肉的质地较老，肌肉中韧带较多，切丝时要横着纤维切丝，切出的肉丝，口感更嫩滑。

条的加工法

1. 条的概述

条的加工方法和丝相同，只是先切的片较厚，再改刀的刀距也较大。切条也有粗细之分。条的形状看上去就像是非常粗的丝，条的粗细主要根据原料的性质和烹调的需要来决定的。质地坚韧的原料，条要切得略细一些；质地软嫩的原料，条要切得略粗一些。一般条的宽和厚约为1厘米，长约为5厘米。

切条时，一般要掌握两个要领：一是根据原料的形状、大小，尽量使原料的可用率大一些，所以在下刀前要计算一下，合理安排原料；二是片的厚度要得当，下刀要准确，如果将原料片得像切肉那样厚薄的片再切条，条的形状就像厚片了。

加工条状原料，使用的刀法主要有直刀法中的切，如直切、推切、拉切、锯切等，平刀法中的直片、推拉片等，斜刀法中的正刀片、反刀片等。根据原料的质地可采用顶刀、顺刀等方法。

条的切法示例：

①先将处理好的原料切成段。

②或将原料切成厚片。

③再将原料切成条即可。

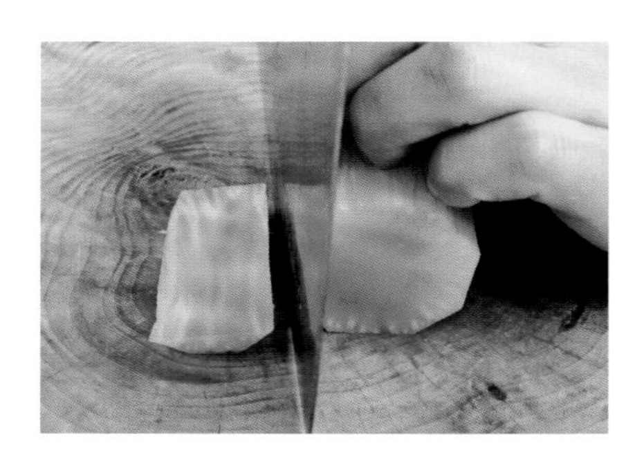

条的切法 ①

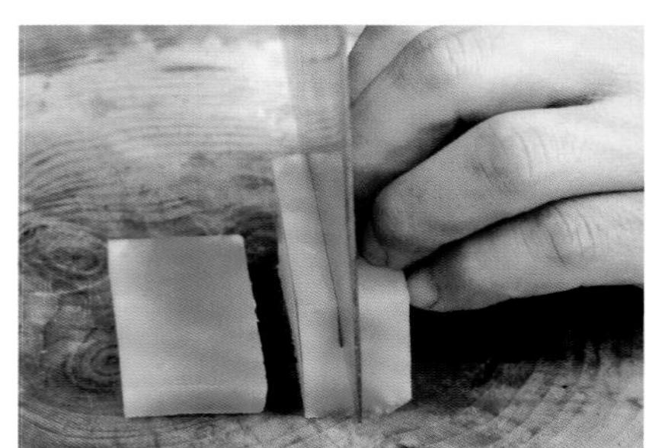

条的切法 ②

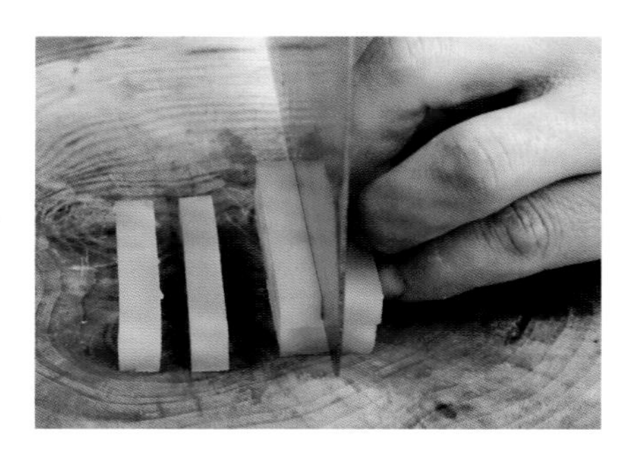

条的切法 ③

长方条

象牙条

2. 常见条状原料的加工方法

（1）长方条

长方条是先将原料切成5厘米长的段，然后切成0.5厘米厚的片，再顺长切成0.5厘米见方的条。

（2）象牙条

象牙条主要适用于圆锥形的植物性原料，如胡萝卜、冬笋、白萝卜等，其长度、粗细同长方条，只是条的一端呈尖形，似象牙状。

丁的加工法

1. 丁的概述

切丁的方法是先将原料片成厚片，再将片切成条，最后将条切成丁。

丁有多种形状，一般是方块状，大小根据烹调方法的需要和原料性质、形状而定。鸡丁和肾丁虽然同称为丁，但切鸡丁是先将鸡肉片成厚度约 1 厘米的厚片，然后用横直刀在两面划成井字纹，再切成丁状；而切肾丁则是要先将肾两边切开，切去肾衣和肉臊，把里面剞成花刀，不划断，再切成丁。配料切丁则要切得小些，一般要小于主料。

加工丁状原料时，经常使用的刀法有直刀法中的切、剁，平刀法中的直片、推拉片，斜刀法的正刀片、反刀片等。丁的大小一般约为 1 厘米，常用的丁有筷子丁、碗豆丁等。

丁的切法示例：

①先将处理好的原料切成大块。

②将原料改成厚片。

③将原料片切成条。

④将原料条切成丁。

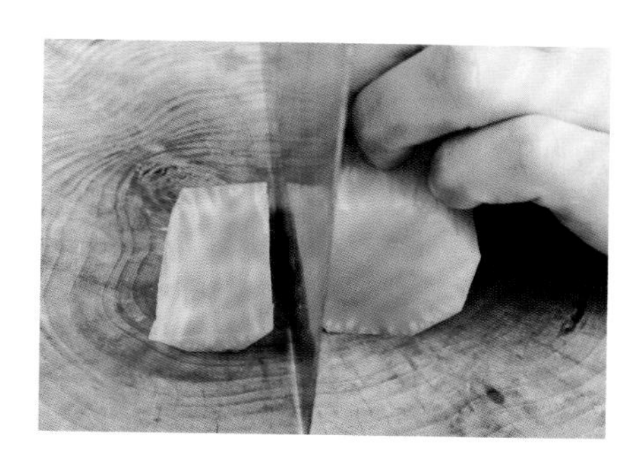

丁的切法 ①

丁的切法 ②

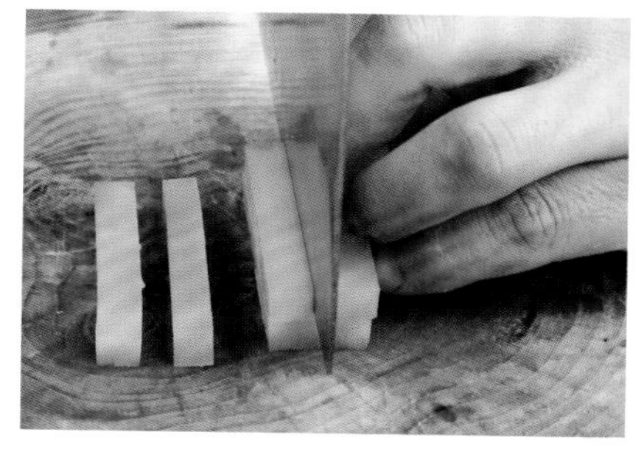

丁的切法 ③

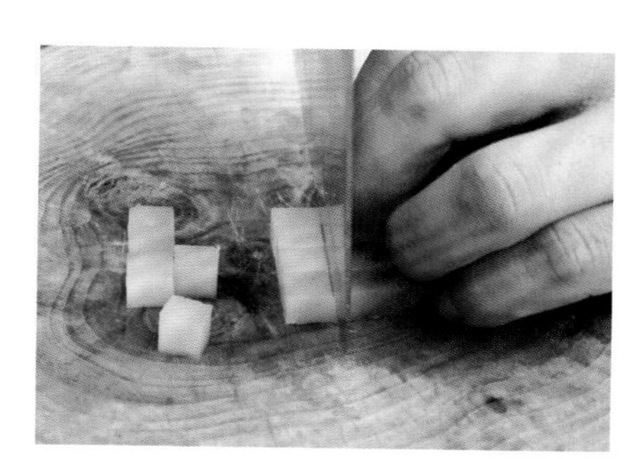

丁的切法 ④

2. 常见丁状原料的加工

（1）大方丁

大方丁的加工，是先将整形后的原料切或片成 1.2 厘米厚的片，然后顺其长边切成 1.2 厘米宽的长条，将长条顶刀切或剁成 1.2 厘米见方的丁。

（2）小方丁

小方丁的操作方法同大方丁，大小为 0.8 厘米左右。

大方丁

小方丁

粒的加工法

1. 粒的概述

粒又称米。粒的形状比丁要小，一般也呈方形，是由细条和丝改刀而成的。大的如黄豆，小的如米粒。切粒与切丁的方法大致相同，只是片要薄些，条要细些，直切时刀口密度大些。

切成粒的原料，一般常见于各种肉类或调料类，如火腿粒、鸡肉粒、猪肉粒、牛肉粒、干辣椒粒等。

粒的切法示例：

①先将原料切成薄片。

②然后将原料片切成细条。

③再将原料直切成粒。

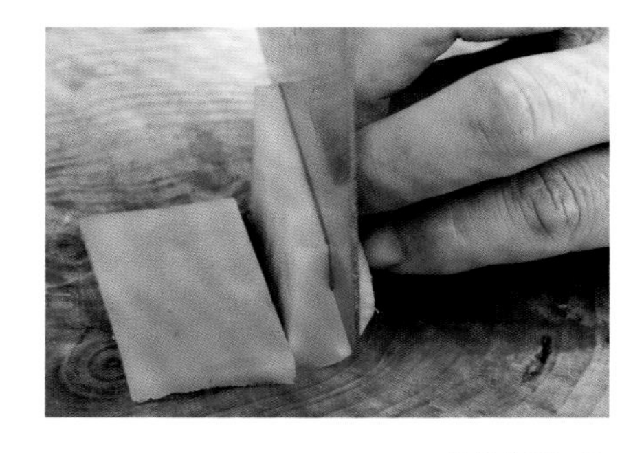

粒的切法 ①

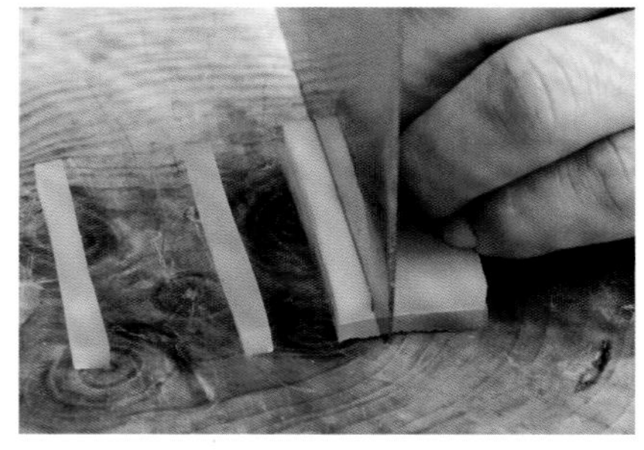

粒的切法 ②

粒的切法 ③

2. 常见粒状原料的加工方法

（1）豌豆粒

先将整形后的原料切成长方条，然后顶刀切成 0.5 厘米左右的小丁。

（2）绿豆粒

先将整形后的原料切成粗丝或头粗丝，然后顶刀切成 0.3 厘米左右的小丁。

（3）米粒

先将整形后的原料切成细丝，然后顶刀切成 0.1 厘米左右的小丁。

豌豆粒

绿豆粒

米粒

末的加工法

1. 末的概述

末是由丝改刀而成的，形状比粒还要小一些，一般来说，半粒为末。末的切法大体有两种：

一种是将原料剁碎，如鸡肉末，先要将鸡肉切成碎片，再剁成末。另一种则是将原料切成薄片，再切成细丝，最后将丝切成末，如姜末等。加工末状原料时可使用剁和切的方法。

2. 末状原料的加工方法

末的切法示例：

①先将整形后的原料切成丝条状。

②然后将原料顶刀切成小丁状。

③再用剁的刀法将原料剁碎。

末的切法 ①

末的切法 ②

末的切法 ③

段的加工法

1. 段的概述

段和条相似，但比条宽一些或比条长一些，它是由剁或切的刀法加工而成的。这种形状在烹调中也较为常用。如煎虾碌、炸蛇碌等。

用于切段的原料，动物和植物均有。如脆皮大肠、九转大肠等菜中的原料熟肠，均要切成段；油菜、玉米笋（又称珍珠笋）一般也要切成段。切成段的原料，常使用炸、烧、扒等烹调方法。

加工段状原料时，经常使用的刀法有直刀法中的直切、推切、推拉切、拉切，带骨的原料用剁。

2. 段状原料的加工方法

（1）大段

大段原料主要适用于对动物性烹调原料（如带骨鱼类）的加工。段的大小长短可根据原料品种、烹调方法、食用要求灵活掌握，加工方法主要用剁。

（2）小段

小段的原料主要适用于植物性烹调原料。加工方法主要用直切。

大段

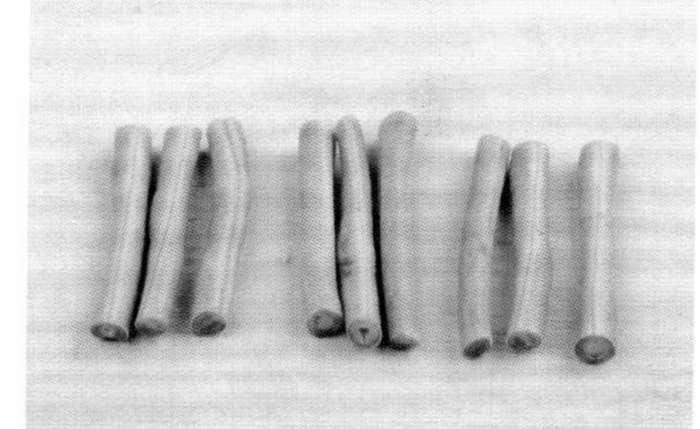

小段

蓉的加工法

1. 蓉的概述

蓉，又称蓉泥。就是用刀背用力将动物性原料剁成如同泥一样的细碎状，如肉泥、鱼泥等。蓉的质量标准应该是细如泥，无筋络。

用手工排剁制成蓉泥的方法：先将选好的原料去掉筋皮，然后将原料切碎，最后用刀背砸成蓉泥状。

值得注意的是，有些原料在制蓉泥之前需要掺些猪肥膘，如鸡肉、鱼肉、虾肉等。一般制鸡蓉约加入30%，制鱼蓉、肉蓉等约加40%，这样做不仅能增加蓉泥的黏性，还可改善口感，口感更嫩、更香、更滑。

肉的蓉泥也可以采用绞肉机制成。

2. 常见蓉泥的品种

常见的蓉泥品种有蒜蓉、鱼蓉、鸡蓉、虾蓉等。

蓉的制法示例（以蒜蓉为例）：

①先将蒜去掉头、尾。

②然后去掉蒜衣。

③再用刀膛拍成蒜泥。

④最后用刀将蒜切碎。

蓉的制法 ①

蓉的制法 ②

蓉的制法 ③

蓉的制法 ④

球的加工法

1. 球的概述

在原料上剞直或斜的十字花刀，然后将其切成小方块或长方块，原料经烹制后卷缩即成球。加工球时，植物性烹调原料一般是通过削、刮、旋等特殊方法修正而成的。

2. 常见球的品种

常见的球品种有橄榄形、算珠形、圆球形。

（1）橄榄形

橄榄形是长轴长 3 厘米，短轴长约 1.5 厘米的椭球体。

（2）算珠形

算珠形是直径约 2 厘米，厚约 1 厘米的圆柱体。

（3）圆球形

圆球形是直径在 1~4 厘米之间的圆球体。

橄榄形

算珠形

圆球形

丸的加工法

用手将蓉挤成球形即成丸。丸又称圆，由于烹调要求不同，形态也大小不一，有的大如苹果，有的小如核桃，主要是根据烹调的需要和原料来选择。

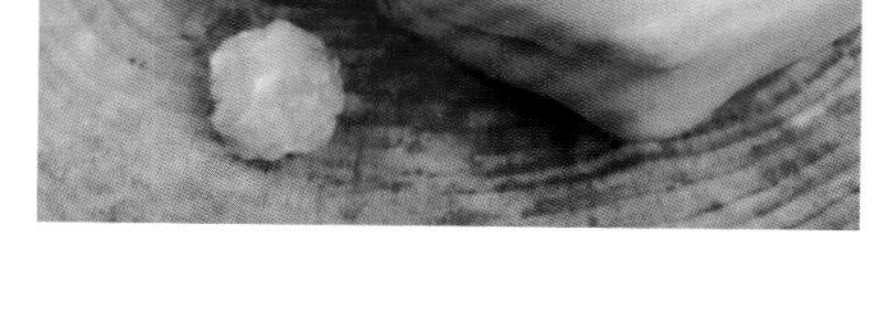

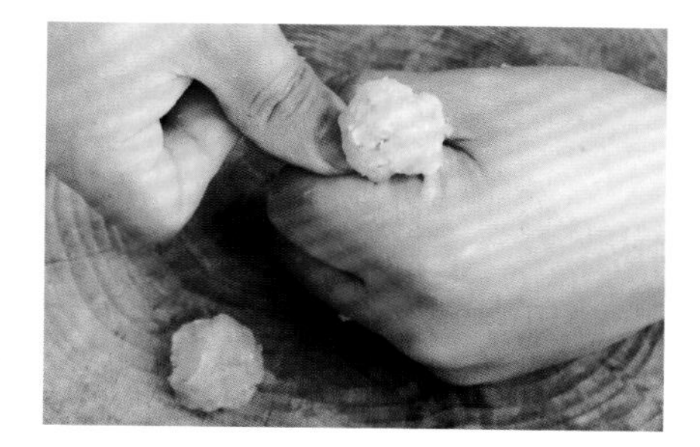

蒜、姜、葱的加工法

1.蒜

（1）形状规格

蒜的形状规格有蒜头和青蒜两种。

（2）适用范围

①蒜头，整瓣用于烧、煮、烤等，其作用是除去原料的腥膻气味，如牛、羊、猪、鱼等。

②蒜泥，是将蒜瓣用力拍松，加盐捣碎，或者用刀斩碎而制成，用于爆、炒、熘，也可用作凉菜肴的调味和兑汁等。

③青蒜，分片、丝、末三种，用途较广，一般的菜肴和面食均可使用。

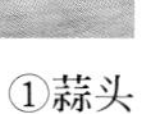
①蒜头

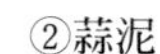
②蒜泥

③蒜片

④蒜丝

⑤蒜末

2.姜

（1）形状规格

姜有老嫩之分。老姜的形状规格可分为块、片、丝、末、汁等。嫩姜又名芽姜、子姜，用途与老姜相同，并能直接作为配料或生吃。

（2）适用范围

①姜块，先拍破再切块，用于烧、卤、煮、烤、熘等菜肴的调味，起除腥膻味的作用。

②姜片，是将姜块顺着纤维纹路切成0.1厘米厚的薄片，有时片的大小厚薄要根据具体的菜肴来决定。一般用于清蒸、余等菜肴的调味。

姜块

姜片

姜丝

③姜丝，加工时将姜先批成薄片，再切细丝。一般用于炝、拌等菜肴。

④姜末，加工时先姜切成薄片，切细丝，再切成细末。适用于凉拌、爆、炒、熘、蘸等。

⑤姜汁，是用老姜磨成的汁，一般用于肉、鸡、虾、鱼蓉内，也适用于凉拌菜和面食等。

⑥花姜片，如飞轮形、蝴蝶形、蝙蝠形、鸡心形、柳叶形、梅花形等。

姜末

姜汁

花姜片（柳叶形）

花姜片（蝙蝠形）

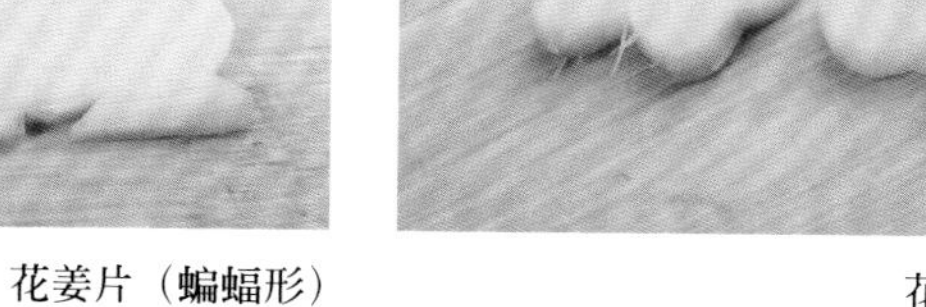

花姜片（梅花形）

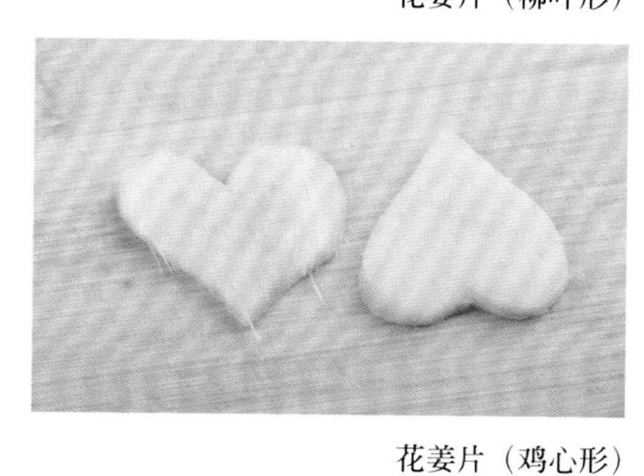

花姜片（鸡心形）

花姜形（飞轮形）

花姜片（蝴蝶形）

3. 葱

（1）形状规格

葱的形状规格分段、结、末、段，长 1~4 厘米，俗称寸葱，适用于烧、烤、焖等菜肴，如葱烧海参，或用于烧、蒸、煮等菜肴的调料；结，是将葱打成结，用于煮、烧、炖等菜肴；末，又名葱花，多用于汤、拌、氽等菜肴及面类等，也用作制馅及糖醋等调料。

兰花形

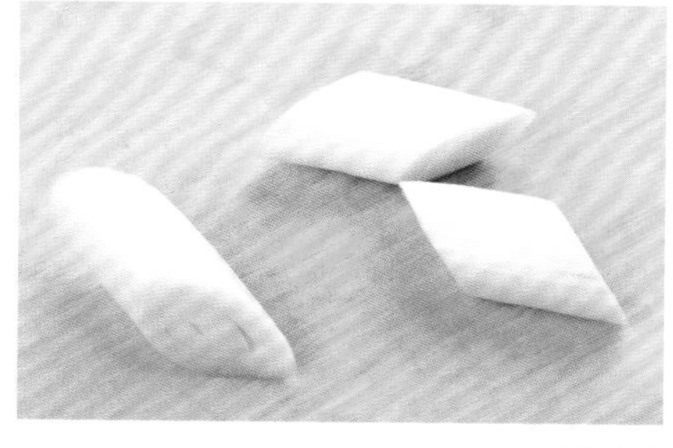

马耳形

京葱

葱线

马牙葱

鱼骨葱

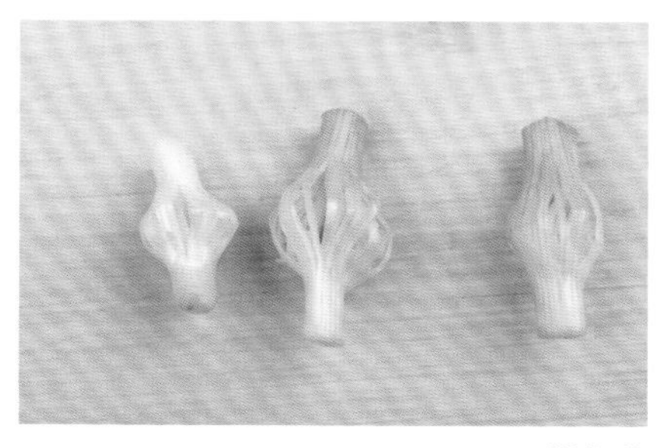
嫩媚葱

菊花葱

葱末

（2）适用范围

①兰花形，是在葱白两端分别划十字刀口，但两端不切通并呈丝状，经水泡后自然卷曲，有时也只在葱白一端剞刀。

②马耳形，是将葱白切成3厘米长的斜段。用于面食生吃。

③黄芽葱即京葱，一般斜切成3厘米长的段，用于面食和生吃。

④葱线通常用于蒸菜类和凉拌等。

⑤马牙葱选择粗壮葱的中段，剖成两半，再切成斜形小段，用作爆、炒等菜肴的调料。

⑥鱼骨葱，选择葱的中段，一剖二半，再切成长直丝，泡在水中卷曲后再使用，可作为鱼香味、煎鱼、香酥等菜肴的调味。

⑦嫩媚葱，选择葱白中段，先切葱段，再将段的中部用小刀划成粗丝，但不能划裂两端，然后浸泡在冷水中片刻，中部的丝纹即鼓起，散开似鼓。

⑧菊花葱，在葱段的两端划出粗丝，通过冷水浸泡后，两端丝纹散开似花。

⑨葱末，将葱切成丝，再切成细末，用于制作蓉泥以及拌、泡等。

（3）注意事项

如切葱末，要将葱清理整齐后再切，切忌双刀排剁，否则可能失去葱香而成糊状。

形状技法应用的注意事项

①形状技法的应用要配合烹调的要求，对旺火速成的菜肴原料要适当切得薄一些，小一些，以便快熟入味；如用小火慢成的原料，要切得厚、大一些，以免烹调时原料变形。

②所切制的原料要尽量做到形态美观、粗细均匀、薄厚一致、长短相等。

③合理使用原料，物尽所用，注意节约，降低消耗，尽量提高使用率。

④根据原料的性质特点，采用不同的切法。同样切片，质地松软的要比质地坚硬的略厚一些；切脆性原料如冬瓜等，可用直切，切豆腐类松软原料应用推切，而切韧性原料如肉类则须推切拉切等。

⑤注意菜品形式和色彩的配合，突出主料，使菜品的组成大方、别致、新颖。

二、花刀技法

花刀技法是指运用剞刀法在原料上剞上纵横交错、深而不透的刀纹，然后经过加热卷曲成各种美观、别致的形状。通常使用的 21 种花刀工艺技法如下：

斜一字形花刀

斜一字形花刀是运用斜刀或直刀推剞的方法加工制成的。

1. 形状名称：斜一字形半指刀、一指刀。
2. 成形方法： 将原料两面剞上斜向一字排列的刀纹。
3. 适用原料：黄花鱼、鲤鱼、青鱼、胖头鱼、鳜鱼等。
4. 应用举例：半指刀纹宜制作干烧鱼，一指刀纹宜制作红烧鱼。
5. 加工要求：刀距、刀纹深浅要均匀一致。鱼的背部刀纹要深些，腹部刀纹要相应浅些。

①

②

柳叶形花刀

柳叶形花刀的刀纹是运用斜刀推（或拉）剞的方法进行加工。

1. 形状名称：柳叶形。
2. 成形方法：在原料两面中间划一刀，再均匀剞上宽窄一致的刀纹。
3. 适用原料：鲫鱼、武昌鱼、胖头鱼等。
4. 应用举例：用于制作汆鲫鱼、清蒸鱼等。
5. 加工要求：同斜一字形花刀。

①

②

③

交叉十字形花刀

十字形花刀的刀纹是运用直刀推剞的方法加工制成的。

1. 形状名称：十字形花刀、多十字形字花刀。

2. 成形方法:加工时在原料两面均匀剞上交叉十字形刀纹。

3. 适用原料：鲤鱼、青鱼、鳜鱼等。

4. 应用举例：多十字形花刀宜制作干烧鱼，十字花形刀宜制作红烧鱼、酱汁鱼等。

5. 加工要求：与斜一字形花刀相同。

①

②

月牙形花刀

1. 形状名称：月牙刀。

2. 成形方法：在原料两面均匀剞上弯曲似月牙形的刀纹。

3. 适用原料：平鱼、武昌鱼等。

4. 应用举例：用于制作清蒸鱼、油浸鱼等。

5. 加工要求：与斜一字刀纹相同。

①

②

翻刀形花刀（牡丹花刀）

翻刀形花刀的刀纹是运用斜刀（或直刀）推剞、平刀片（批）等方法加工制成的。

1. 形状名称：牡丹花刀。

2. 成形方法：

①先将原料两面均剞上深至鱼骨的刀纹。

②然后用刀平片（批）进鱼身深 2 ～ 2.5 厘米。

③将肉片翻起，用同样的方法剞上第二刀。

④将原料每面翻起 7 ～ 12 刀，经加热即呈牡丹花瓣的形态。

①

②

③

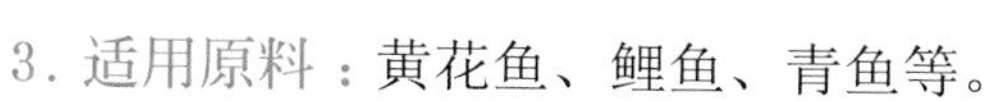

3. 适用原料：黄花鱼、鲤鱼、青鱼等。

4. 应用举例：制作糖醋鱼等。

5. 加工要求：每片大小要一致。

④

松鼠鱼花刀

1. 形状名称：松鼠花刀。

2. 成形方法：

①先将鱼头去掉，沿脊骨用刀平片（批）至尾根部，斩去脊骨，并片（批）去胸刺，然后在两扇鱼片上剞上直刀纹，刀距 4 ～ 6 毫米。

②再斜剞上刀纹，刀距 2 ～ 3 毫米。直刀纹和斜刀纹均剞到鱼皮（不能剞断鱼片），两刀相交构成菱形刀纹。

③加热后即成松鼠花刀状。

①

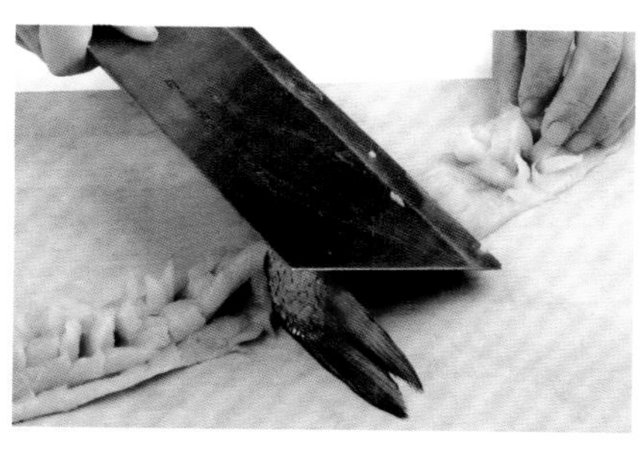

②

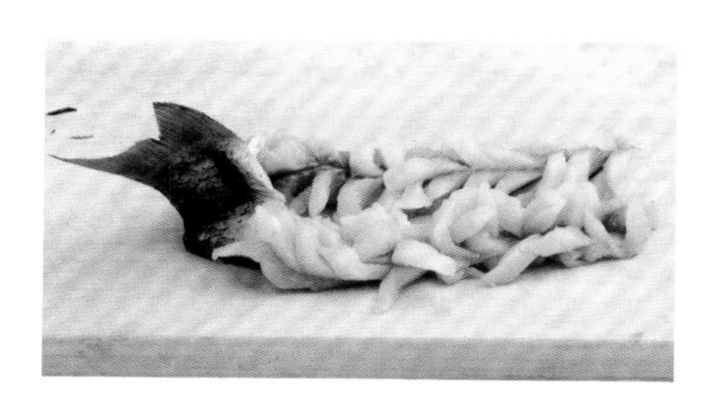

③

3. 适用原料：黄花鱼、鲤鱼、鳜鱼等。

4. 应用举例：制作松鼠鳜鱼、松鼠黄鱼等。

5. 加工要求：刀距、深浅、斜刀角度都要均匀一致，选择净重约 2 千克的原料为宜。

菊花形花刀

菊花形花刀是运用直刀推剞的方法加工制成的。

1. 形状名称：菊花刀。

2. 成形方法：

①先在原料上剞上纵横交错的刀纹，深度为原料厚度的4/5左右，两刀相交的角度为90度，再改刀切成3～4厘米的正方块。

②经加热后即卷曲成菊花形态。

①

②

3. 适用原料：净鱼肉，鸡、鸭胗、通脊肉等。

4. 应用举例：用于制作菊花鱼、芫爆胗花、清炸肉花等。

5. 加工要求：刀距、刀纹深浅要均匀一致。

麦穗形花刀

麦穗形花刀的刀纹是运用直刀推剞和斜刀推剞加工制成的。

1. 形状名称：小麦穗、大麦穗。

2. 成形方法：大小麦穗的主要区别在于麦穗的长短变化。

①加工时先斜刀推剞，倾斜角度约为40度，刀纹深度是原料厚度的3/5。

②再转一个角度直刀推剞，直刀剞与斜刀剞相交，角度以70～80度为宜，深度是原料厚度的4/5，最后改刀成块。

③经加热后即卷曲成麦穗形态。

①

②

③

3. 适用原料：猪腰、鱿鱼等。

4. 应用举例：用于炒腰花、油爆鱿鱼卷等。

5. 加工要求：刀距、进刀深浅、斜刀角度要均匀一致，大麦穗剞刀的倾斜角度越小，麦穗越窄。

松果形花刀

松果形花刀的刀纹是运用斜刀推剞的方法加工制成。

1. 形状名称：松果花刀。

2. 成形方法：

①先运用斜刀推剞在原料上剞刀，深度是原料厚度的 4/5，进刀倾斜度为 45 度。

②再转一个角度斜刀推剞，深度是原料厚度的 4/5，进刀倾斜度为 45 度。

③两刀相交角度为 45 度，然后改刀切成宽 4 厘米、长 5 厘米的块。

④经加热后即卷曲成松果形态。

3. 适用原料：鱿鱼、墨鱼等。

4. 应用举例：用于制作糖醋鱿鱼卷，爆炒墨鱼花。

5. 加工要求：刀距、深浅、分块要均匀一致。

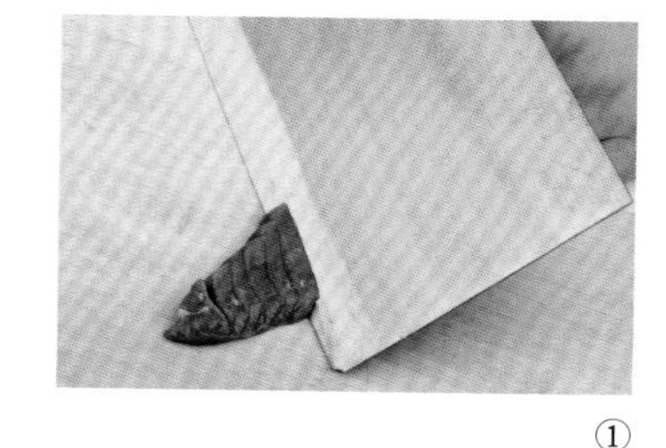

①

②

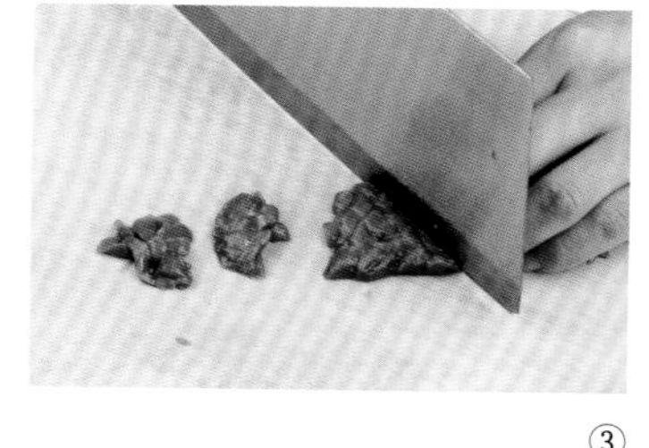

③

④

荔枝形花刀

荔枝形花刀的刀纹是运用斜刀推剞的方法加工制成的。

1. 形状名称：荔枝花刀。

2. 成形方法：

①先运用斜刀推剞，进刀深度是原料厚度的 4/5。

②再转一个角度斜刀推剞，进刀深度也是原料厚度的 4/5。

③两斜刀相交角度约为 80 度，然后改刀切成长约 3 厘米、宽约 2 厘米的长方形。

④经加热后即卷曲成荔枝形态。

3. 适用原料：鱿鱼、腰子等。

4. 应用举例：用于制作荔枝鱿鱼、芫爆腰花等。

5. 加工要求：与松果形花刀相同。

①

②

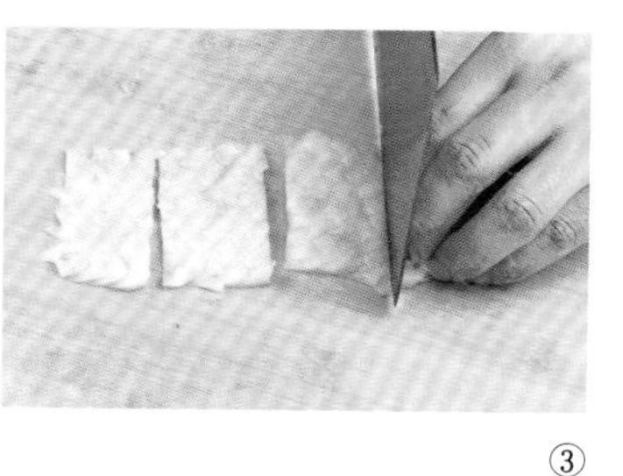

③

④

蓑衣形花刀

蓑衣形花刀的刀纹是运用直刀剞和斜刀推剞等方法加工制成。主要有两种形式。

方法一

1. 成形方法：

①加工时，先在原料一面直刀（或推刀）剞上一字刀纹。刀纹深度为原料厚度的 1/2。

②然后，再在原料的另一面采用同样刀法，剞上直一字刀纹，刀纹深度为原料厚度的 1/2，与斜一字刀纹相交。

③轻轻抻开即完成蓑衣花刀。

①

②

③

2. 适用原料：黄瓜、冬笋、莴笋、豆腐干等。

3. 应用举例：多用于冷菜制作，如糖醋蓑衣黄瓜、红油豆腐干等。

4. 加工要求：刀距及刀纹深度要均匀一致。

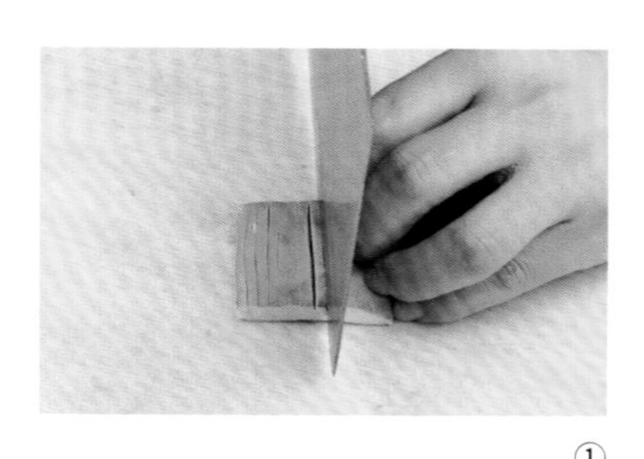
①

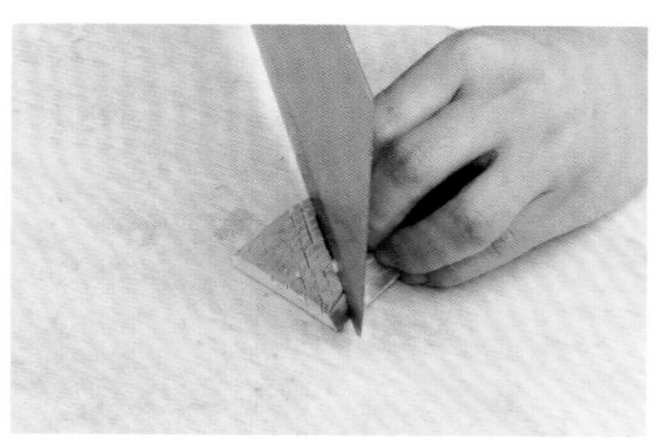
②

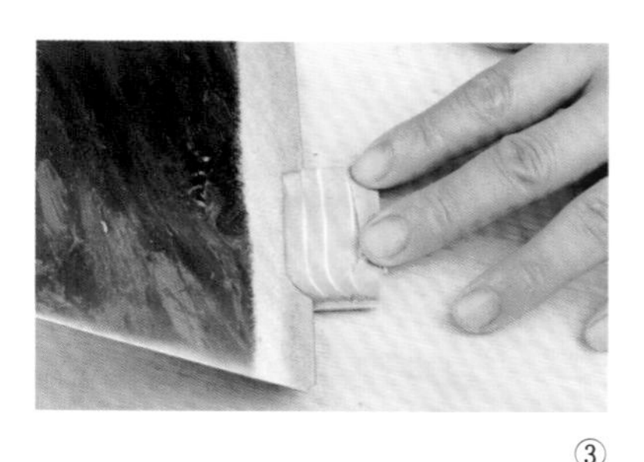
③

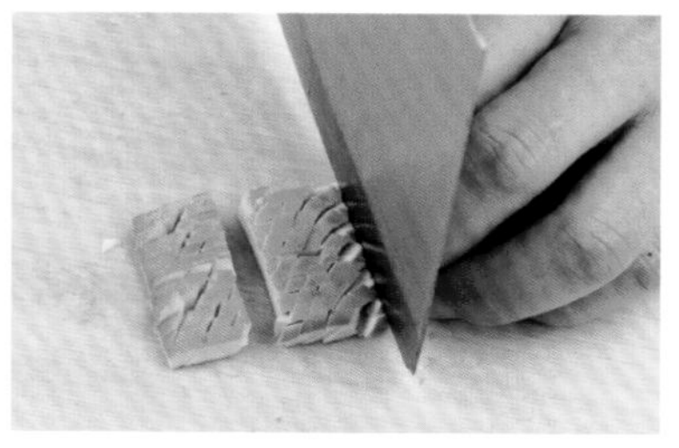
④

方法二

1. 成形方法：

①加工时，先在原料的一面直刀剞上深度为 4/5 的刀纹。

②再将原料旋转一定角度，直刀推剞上深 4/5 的刀纹。

③然后将原料翻起，在另一面上斜刀推剞上深 4/5 的刀纹。

④最后改刀切成长约 2 厘米、宽约 1.5 厘米的长方块。

2. 适用原料：猪肚尖。

3. 应用举例：多用于制作油爆肚仁、油爆蓑衣腰子等。

4. 加工要求：刀距、进刀深浅、分块要均匀一致。

螺旋形花刀

螺旋形花刀的原料成形，是采用小尖刀旋制而成。

1. 形状名称：螺旋丝。

2. 成形方法：

①选用圆柱形的原料（胡萝卜、黄瓜等），取其中段部位。

②用小刀斜架在原料上，进刀深约1厘米，逆时针转动原料，使刀从左向右移动。

③再用刀尖插进原料一端，顺时针旋进，将原料芯柱旋开。

④最后用手拉开，即成螺旋状。

3. 适用原料：黄瓜、莴笋、胡萝卜等。

4. 应用举例：多用于冷菜围边，也可用于拌制冷菜。

①

②

③

④

5. 加工要求：小刀要窄而尖，原料转动要慢，旋转时均匀用刀，不宜过细。

玉翅形花刀

玉翅形花刀的刀纹是运用平刀片和直刀切的方法加工制成。

1. 形状名称：玉翅形。

2. 成形方法：

①先将原料加工成长约5厘米、宽约4厘米、高约3厘米的长方块。用刀片（批）进原料4/5。

②再将原料直刀切成连刀丝。

③即切成玉翅形。

①

②

③

3. 适用原料：冬笋、莴笋等。

4. 应用举例：用于制作葱油玉翅、白扒玉翅。

5. 加工要求：刀距要均匀，丝的粗细灵活掌握。

麻花形花刀

麻花形花刀是用刀尖划开原料，再经穿拉而成。

1. 形状名称：麻花形。

2. 成形方法：

①将原料片（批）成长约 4.5 厘米、宽约 2 厘米、厚约 3 毫米的片。在原料中间划开 3.5 厘米长的口，再在中间缝口两旁各划上一道 3 厘米长的口。

②用手握住原料两端，并将原料一端从中间缝口穿过。

③最后即成麻花形。

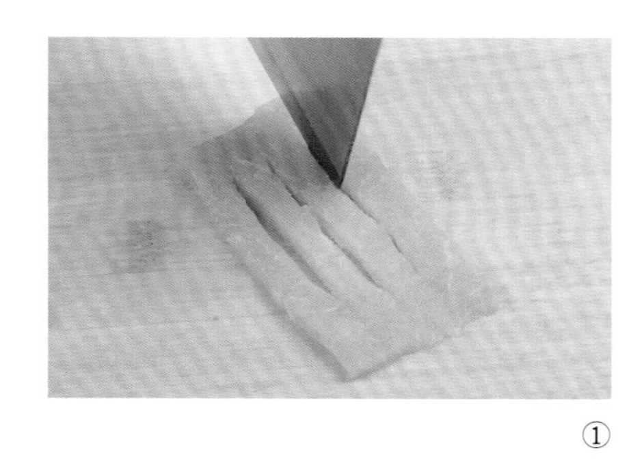

①

②

③

3. 适用原料：猪腰、肥膘肉、通脊肉等。

4. 应用举例：用于制作软炸麻花腰子、芝麻腰子等。

5. 加工要求：刀口要长短一致，成形规格要相同。

凤尾形花刀

凤尾形花刀的原料成形是运用直刀切的方法加工制成。

1. 成形方法：

①将圆柱形的原料一片（批）两开，在原料 4/5 处斜切成连刀片。

②每切 9 ～ 11 片为一组，将原料断开。

③然后每隔一片弯卷一片并别住，如此反复加工，即成凤尾形。

①

②

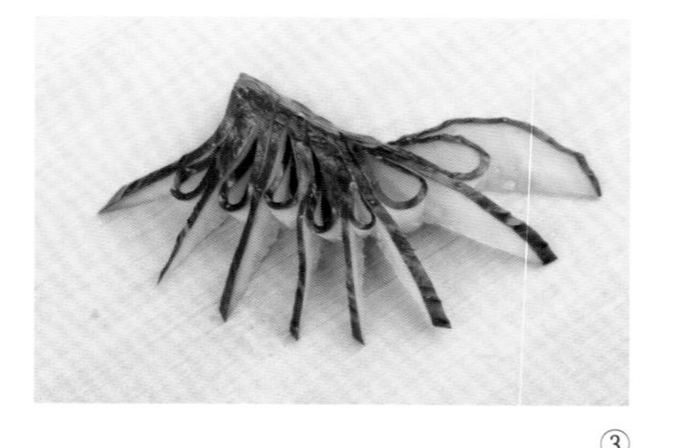

③

2. 适用原料：黄瓜、冬笋、胡萝卜等。

3. 应用举例：多用于冷荤拼摆时点缀或围边。

4. 加工要求：每组分片要相等，刀距要均匀。

鱼鳃形花刀

鱼鳃形花刀的原料成形是运用直刀推剞和斜刀拉剞加工制成。

1. 形状名称：鱼鳃片。

2. 成形方法：

①将原料片（批）成片，运用直刀推剞的方法，剞上深度为 4/5 的刀纹。

②转一个角度斜刀剞上深度为 3/5 的刀纹，然后用斜刀拉片的刀法将原料断开，即一刀相连一刀断开。

③即成鱼鳃片。

①

②

③

3. 适用原料：猪腰、茄子等。

4. 应用举例：用于制作拌鱼鳃腰片、炒鱼鳃茄片等。

5. 加工要求：刀距要均匀，大小要一致。

灯笼形花刀

灯笼形花刀的原料成形是运用斜刀拉剞和直刀剞的刀法加工制成。

1. 形状名称：灯笼花刀。

2. 成形方法：

①将原料片（批）成大片后，改成长约 4 厘米、宽约 3 厘米、厚 2 ～ 3 毫米的片，先在原料一端拉剞上两刀，深度为原料厚度的 3/5。

②在原料另一端同样剞上两刀（从相反的方向剞刀）。

③再转一个角度直刀剞上深度为4/5的刀纹。

④经加热后即卷曲成灯笼形。

3. 适用原料：猪腰、鱿鱼等。

4. 应用举例：用于制作炒腰花、麻油腰花等。

5. 加工要求：加工时，斜刀进刀深度要浅于直刀的进刀深度。片形大小要一致，刀距要均匀。

①

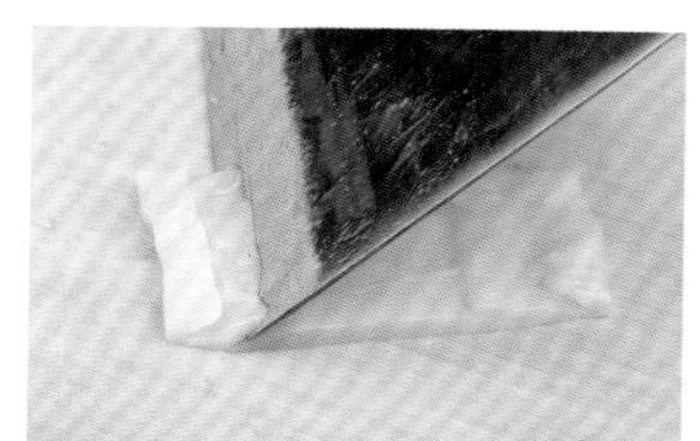

②

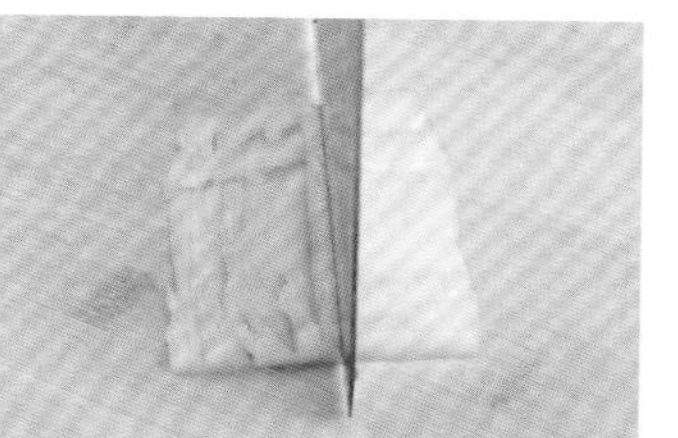

③

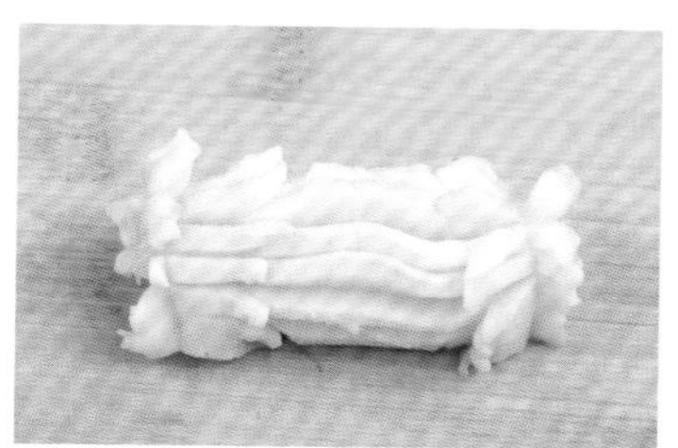

④

如意形花刀

如意形的原料成形，是运用刀刃前端在原料四面各切 2 刀加工制成。

1. 形状名称：如意丁。

2. 成形方法：

①将原料加工成 2 厘米见方的大丁，在丁的四面均切上 2 刀，深度为原料厚度的 1/2。

②将方丁分开，即成 2 个如意丁。

①

②

3. 适用原料：黄瓜、南瓜、胡萝卜、莴笋等。

4. 应用举例：多用于菜肴的围边或充当配料。

5. 加工要求：丁的大小要一致，分丁要均等。

剪刀形花刀

剪刀形的原料成形，是运用直刀推剞和平刀片（批）的方法加工制成。

1. 形状名称：剪刀片，剪刀块。

2. 成形方法：

①分别在两个长边 1/2 处片（批）进原料（两刀进深相对，但不能片断）。

②再运用直刀推剞的刀法，在两面均匀地剞宽度一致的斜刀纹，深度是原料厚度的 1/2，然后将其分开，即成交叉形剪刀片（或块）。

剪刀片与剪刀块的区别在于薄者称片，厚者称块。加工方法相同。

①

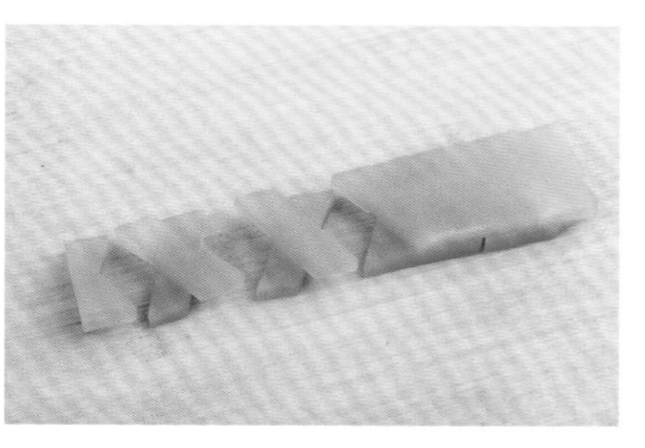

②

3. 适用原料：黄瓜、冬笋、莴笋等。

4. 应用举例：多用于配料或用于菜肴点缀及围边装饰。

5. 加工要求：刀距、交叉角度、大小厚薄要均匀一致。

锯齿形花刀

锯齿形花刀的刀纹是运用直刀切和斜刀推剞等方法加工制成。

1. 形状名称：锯齿花刀（俗称蜈蚣丝）。

2. 成形方法：

①加工时，先在原料上剞上深度为厚度的 4/5 的刀纹。

②再横着花纹的方向将原料切成丝。

③即为锯齿形花刀（蜈蚣丝）。

①

②

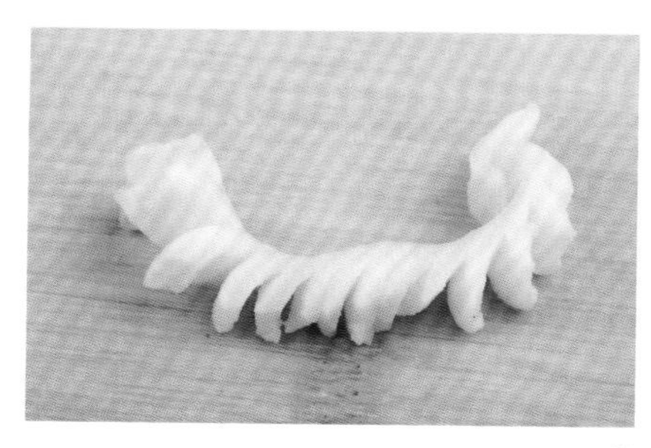

③

3. 适用原料：猪腰、鱿鱼、嫩白菜帮等。

4. 应用举例：韧性原料如芫爆鱿鱼丝等。蔬菜，如拌白菜丝。或用于点缀、围边，装饰菜肴。

5. 加工要求：刀距宽窄、刀纹深浅、粗细程度，都要均匀一致。

各种平面花边形花刀

平面花边形花式多样，形态逼真，成形方法是先将原料加工制成象形坯料，再横切成形。

1. 形状名称：梅花片、麦穗片、齿牙圆片、双心片、松树片、燕子片、秋叶片、小鸟片、玉兔片、飞鸽片、大鹏鸟片、凤凰片、蝴蝶片、小猫片、方正片、四棱十字片、寿字片、飞燕片、虾片、喜字片、龙形片等。

2. 成形方法：用刀将原料修成如蝴蝶、玉兔、鱼等形态，再根据不同的用途，切成厚薄不等的片。

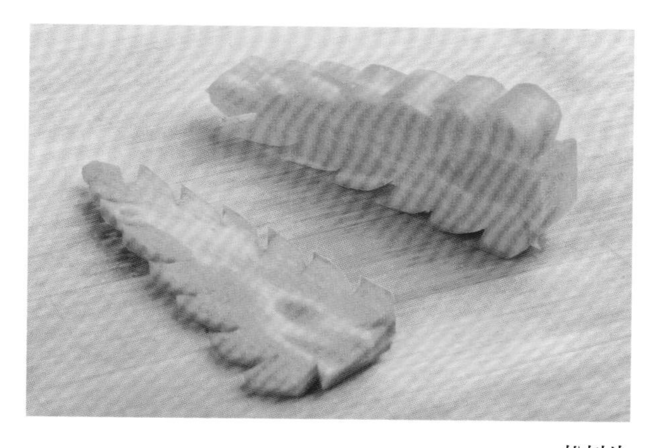

松树片

梅花片

麦穗片

齿牙圆片

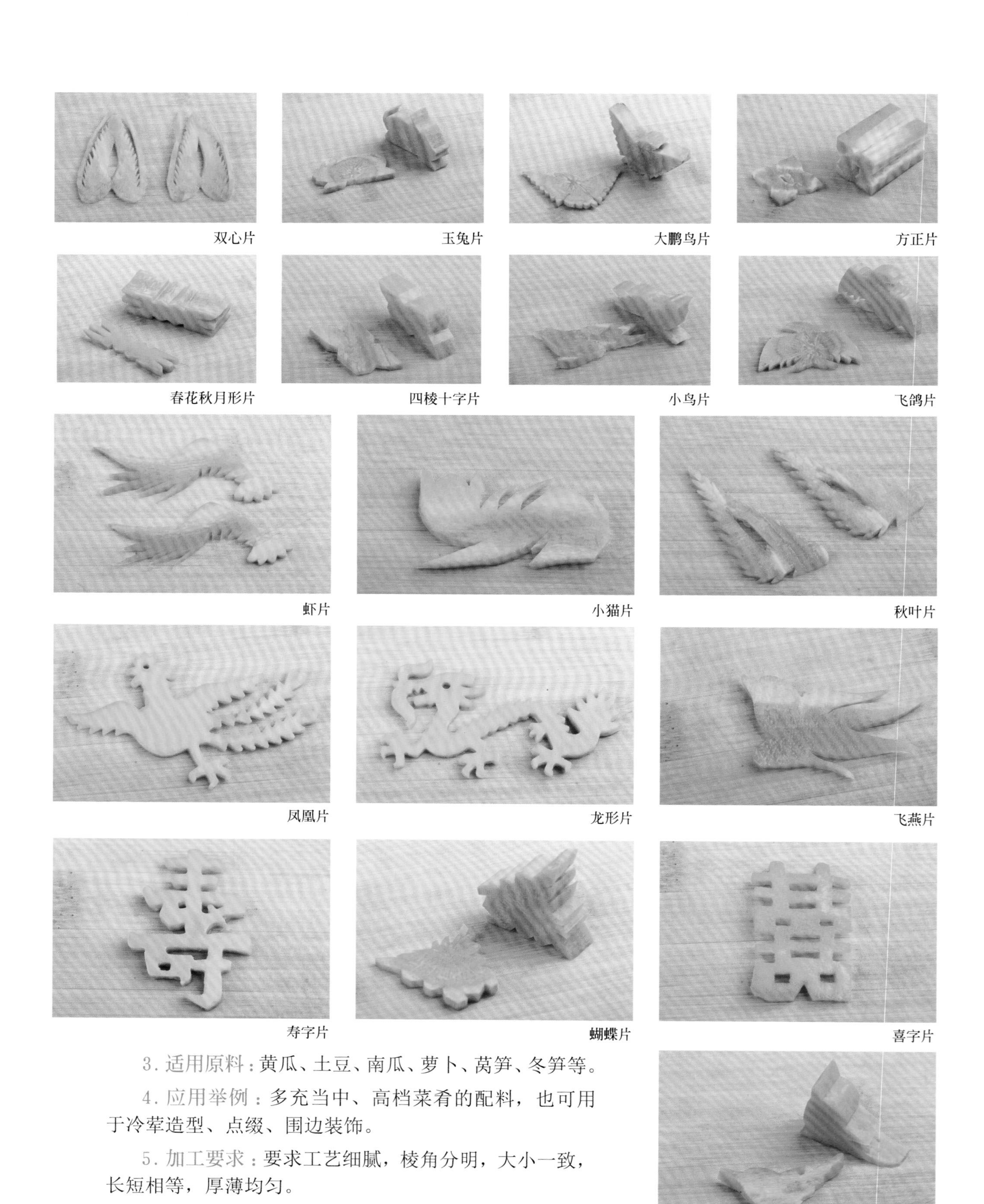

双心片　玉兔片　大鹏鸟片　方正片

春花秋月形片　四棱十字片　小鸟片　飞鸽片

虾片　小猫片　秋叶片

凤凰片　龙形片　飞燕片

寿字片　蝴蝶片　喜字片

燕子片

3. 适用原料：黄瓜、土豆、南瓜、萝卜、莴笋、冬笋等。

4. 应用举例：多充当中、高档菜肴的配料，也可用于冷荤造型、点缀、围边装饰。

5. 加工要求：要求工艺细腻，棱角分明，大小一致，长短相等，厚薄均匀。

三、刀工与菜品配制

配菜又称配料，它是紧接着刀工以后的一道工序，与刀工有着密切的关系，两者都是为直接烹调做好准备。刀工与配菜合称为切配。

所谓配菜，是根据制作各种菜肴的具体要求，适当搭配各种成形的原料，使其成为完整的菜肴原料。配菜技术包括热菜配制和冷盘配制两部分，两者的操作程序和要求都有所不同。

热菜配制的程序为：原料初加工——刀工处理——配菜——烹调——上席。

冷盘配制的程序为：原料初加工——烹调——刀工处理——拼配——上席。

热菜的配菜是烹调前的一个加工环节，配好的菜必须经过烹调以后才能食用；冷盘的配菜是制作的最后环节，配好即可上席食用。这是热菜配制与冷盘配制比较大的区别。

菜品配制的原则与要求

1. 配菜的作用

配菜是烹调前的一道重要工序，有以下 5 个方面的作用：

①确定菜肴的质和量。

②确定菜肴的色、香、味、形。

③确定菜肴的营养价值。

④确定菜肴的成本。

⑤确定菜肴的多样化。

2. 配菜的要求

①掌握刀工技术。

②熟悉原料性能。

③了解货源情况。

④熟悉成品要求。

⑤掌握成本核算。

⑥具有营养观念。

⑦具有创新精神。

⑧了解服务对象。

3. 配菜的原则

除了了解配菜的作用和要求外，在具体配菜时，还要注意以下原则：

（1）数量的配合

菜肴的数量，是指构成菜肴的各种原料数量的总和以及主料与配料的比例。菜肴有不同的原料数量，通常是根据不同规格盛器的容量来设计的。

（2）质地的配合

质地，是指原料的脆、嫩、软、韧。菜肴的配菜，应考虑原料的质地。菜肴主料、辅料要软硬相宜，质地相配，这也是配菜的重要原则。

（3）色泽的配合

在宴席菜肴中，菜与菜之间的色调配合，应当富于变化，互相烘托，菜肴色泽力求鲜艳美观，赏心悦目，不应呆板单调。

（4）口味的配合

菜肴口味，除以调味品调和入味外，还应以各种原料辅佐。如鲜的鸡、鸭、鱼、肉，虽都有本身的鲜美滋味，但为了突出主料鲜美，可配一些兰片、冬笋等，以增其味。

（5）形状的配合

菜肴的形状不仅关系到菜肴的外观，而且影响烹调的质量，如火候、口味等。因此，主料和辅料的形状尽量一致。

（6）香味的配合

菜肴的香气与滋味，虽然要通过加热和调味后才能体现，但是大多数菜肴都是以原料本身特有的香味为主，并不单纯依靠调味。

（7）原料的配合

菜肴在选料方面也应多样化，尽可能包括家畜类、家禽类、水产类、野味类及刚上市的时令原料，避免过于单调。

（8）刀工的配合

原料多样，刀工技术也要多样，使原料成形多样化，从而丰富菜式。

（9）营养的配合

配菜时除了力求达到营养均衡，还要考虑菜肴中所含的营养成分是否利于消化吸收。

（10）盛器的配合

菜肴的盛器大小要和菜肴分量相适应，盛器样式要与菜肴特色相适应。

冷盘中的刀工特点

冷盘，又叫冷菜、冷荤、冷拼。冷盘所以叫冷荤，是因为饮食行业多用鸡、鸭、鱼、肉、虾以及内脏等荤料制作。冷盘所以叫冷拼，是冷菜制好后，要经过冷却、装盘，双拼、三拼、什锦拼盘、平面会锦拼盘、高装冷盘、花式冷盘等拼装。

冷盘是仅次于热菜的一大菜类，制作方法很多，形成冷菜独特的烹调技法系统。冷盘按其烹调特征，可分为炝拌类、煮烧类、汽蒸类、腌制类、烧烤类、炸汆类、糖粘类、冻制类、卷酿类和脱水类等十大类。

1. 冷盘与热菜的区别

（1）冷盘与热菜在刀工上的区别

冷盘一般是先烹调，后刀工，而热菜则是先刀工，后烹调。热菜必须通过加热才能使原料成为菜肴，而冷盘的有些品种不需加热就能成为菜肴。热菜是利用原料加热以散发热气，使人闻到香味；冷盘一般讲究香料透入肌里，使人食之越嚼越香。所以素有“热菜气香，冷菜骨香”之说。

（2）冷盘和热菜在品种上的区别

热菜的品种常年可见，而冷菜的季节性以“春腊、夏拌、秋糟、冬冻”为典型代表。

（3）冷盘在风味上的特点

冷菜以香气浓郁、清凉爽口、少汤少汁或无汁、鲜醇不腻为主要特色。其中具体又可分为两大类型：一类是以鲜香、脆嫩、爽口为特点，另一类是以醇香、酥烂、味厚为特点。前者的制法以拌、炝、腌为代表，后者的制法则由卤、酱、烧为代表。它们各有不同的内容和风格。

2. 刀工在冷盘制作中的作用

对冷盘制作而言，刀工应根据拼装的需要，将原料加工成不同的形状，所以说刀工是冷盘造型前的准备工作。刀工运用得好与坏，决定着造型的成功与失败。

冷盘制作时对刀工的要求是：整齐划一、干净利落、配合图案、协调形态。

3. 冷盘常用的刀法

（1）锯切直刀法

冷盘中锯切直刀法的操作要领，是将刀先向前推，再向后拉，同时用力在刀刃上，将原料切开。

（2）滚刀切直刀法

冷盘中滚刀切直刀法的操作要领是左右手配合，切一刀滚动一下原料，然后再切。

（3）综合刀法

冷盘中劈、拍、斩三种刀法的综合使用，是先将刀劈入原料，然后用手拍刀背，将原料断开，再使用斩的方法，将原料斩成所需要的形状。

冷盘的制作刀法除上述以外，有时还配合一些特殊方法，主要有雕刻法的平面雕刻法和立体雕刻法以及美化刀工中的核桃花刀、菊花刀、麦穗花刀、十字花刀、斜十字花刀等。

冷盘的原料整形，一般是根据拼摆的具体要求，将原料用刀切或用模具挤压成不同正式形状的实体，然后再切成不同形状的片，如柳叶片、象眼片、月牙片、梭形片、连刀片、玉兰片等。

PART 2

水产类食材刀工技法

KNIFE SKILLS

No.1 水产类食材刀工概述

一、水产类食材品种

水产类食材包括生活在海洋、江河、湖泊、池塘或人工养殖的鱼类、虾类、蟹类、贝类、藻类等。

1. 鱼类 分海鱼和淡水鱼两大类，主要品种有带鱼、鲳鱼、鲅鱼、墨鱼、草鱼、银鱼、鲫鱼、鳊鱼、黄鳝、桂鱼、鲤鱼、鲶鱼、甲鱼、胖头鱼、鲢鱼等。

2. 虾类 分海水虾和淡水虾。常见淡水虾有青虾、河虾、草虾等，常见海水虾有对虾、龙虾、竹节虾、基围虾、白虾等。

3. 蟹类 主要品种有大闸蟹、肉蟹等。

4. 贝类 主要品种有牡蛎、蛤蜊、田螺、海螺、河蚌、鲜贝、干贝等。

二、水产类食材初加工

1. 根据品种规格合理加工

初加工时，要求根据水产品的不同特性，以保持其营养成分、鲜美滋味以及形体特征为前提，不同的水产品采取不同的方法。

2. 根据不同的切配、烹调要求进行初加工

水产品的切配、烹调方法具有多样性，完成初加工的方法也很多。因此，需要紧密联系切配、烹调方法的要求，选择最合适的方法完成初加工。

3. 合理使用原料

初加工前，应充分了解原料的特性，量材而用，不浪费原料。

4. 除尽污秽杂质，确保清洁卫生

鱼、虾、蟹、贝类等水产品本身就有某些部位不能食用，如鱼鳞、鱼鳃、鱼鳍、鱼骨、硬壳、内脏、黏液、血污、砂粒、皮膜、硬皮等，同时，这些部位往往含有较重的腥臭气味，因此在初步加工过程中，要及时、合理、有效地清除这些部位，以便更好的体现出水产品特有的鲜美滋味。

三、水产类食材的基本加工刀法

水产品中动物性原料的基本加工刀法包括宰杀、刮鳞、去鳃、去内脏、褪砂、剥皮、烫煮、摘洗等。

1. 宰杀

需要宰杀处理的产品，常见的有很多，如甲鱼加工过程是：宰杀→烫皮→开壳→取内脏→洗涤。

具体步骤为：将活甲鱼腹部朝上，待头伸出用刀剁去。将宰杀后的甲鱼放入热水中泡烫一段时间后，刮去外膜，沿裙边骨缝处用刀割开，将盖掀起，取出内脏，用清水洗净。然后，根据需要改刀。

2. 刮鳞

需要刮鳞的鱼很多，处理的大体过程是：刮鳞→去鳃→除内脏→洗涤。刮鳞要倒刮，有些鱼的背鳍和尾鳍非常尖硬，应先去掉。有的鱼如鲈鱼的鳞含有丰富的脂肪，味道鲜美，不应刮掉。

3. 去鳃

可用剪刀、手挖去腮，但黄花鱼、大王鱼的鳃需用筷子绞出。鲤鱼和鲫鱼的鳃要用刀挖出，鲨鱼的鳃很坚硬，需用剪刀剪。

4. 去内脏

多数采用剖腹的方法。为了保持某些鱼的形体完美，可将其内脏从口中取出。取淡水鱼内脏不要碰破苦胆，以防止鱼味变苦。去除内脏后要用清水冲洗干净鱼的污秽和血水，以保持鱼肉的鲜美。

5. 褪砂

需要褪砂的鱼类主要是鲨鱼，处理过程是：开水烫→褪砂→取内脏→洗涤。开水烫需根据鱼质老嫩程度，分别用不同温度的热水浸烫。鱼质老，水温可高些；质嫩，水温可低些。烫的时间不宜过长，以免烫破鱼皮。褪砂是用刀刮去砂，不要将砂粒掺入肉内。

6. 剥皮

有些鱼的表皮很粗糙，颜色发黑，影响菜肴的质量，因此需要剥皮后再烹制食用。其处理过程大体是：刮鳞→剥皮→去鳃→开膛→洗涤。剥皮前需先刮去不发黑的那一面鳞片，然后从头部开一刀口，将皮剥掉，接着剖腹取内脏，用清水冲净血水。

7. 烫煮

主要用于鳝鱼的初加工。加工方法有两种，一是生处理，二是熟处理。熟处理的过程是：烫煮→剔肉→洗涤→改刀。具体步骤为：将活鳝鱼放入锅内，加入清水、食盐、醋。盖严锅盖，将水烧开，见鱼张开嘴倒入凉水冲洗。最后根据需要用刀剔下鱼肉，改刀备用。

8. 摘洗

一般软体水产品，大多采用摘洗的方法处理，如墨鱼、章鱼等。以墨鱼为例：先将头部拉出，剥去外皮、背骨，用手将鱼身拉成两片，洗净即可。

No.2 河鲜类食材刀工技法实例

鲩鱼

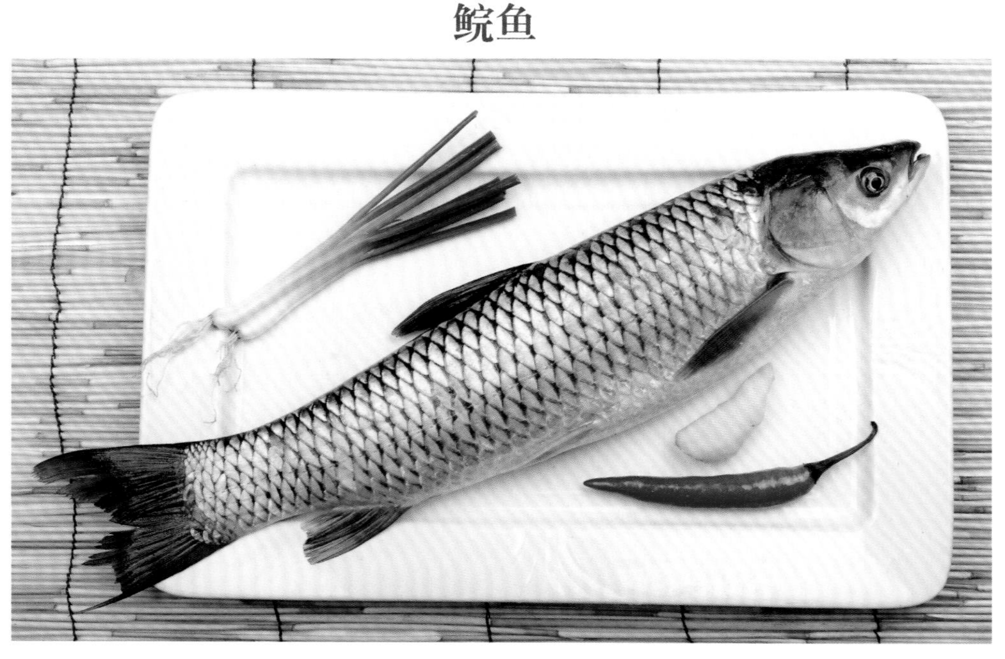

鲩鱼俗名叫草鱼，它与青鱼、鳙鱼、鲢鱼并称为我国四大淡水鱼。其肉质细嫩、骨刺少、营养丰富，并且很适合切花刀制作菊花鱼等造型菜，因此深受人们喜爱。

—— —— ——代表刀工：松鼠鱼花刀—— —— ——

1. 操作步骤：

①用去鳞刷刮去鱼鳞。

②用刀切去鱼鳃。

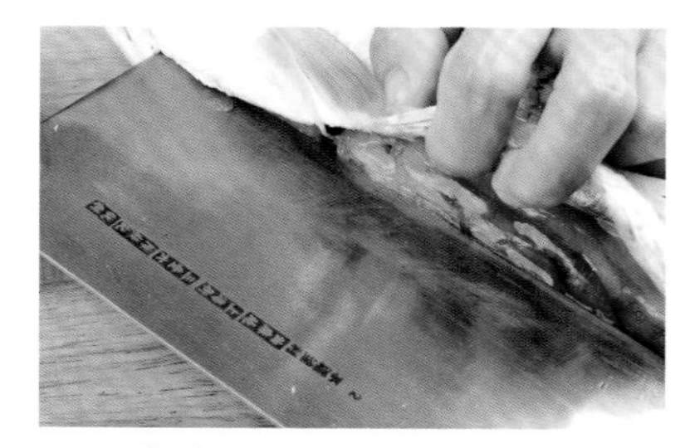

③将鱼肚切开，去除鱼的内脏。

④用清洁布擦去鱼体内的黑膜。

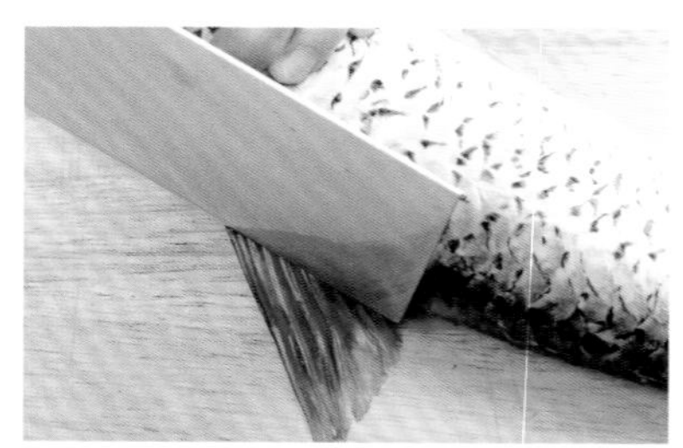

⑤用刀斩去鱼背鳍。

⑥从鱼鳃下面1厘米左右处斩下鱼头。

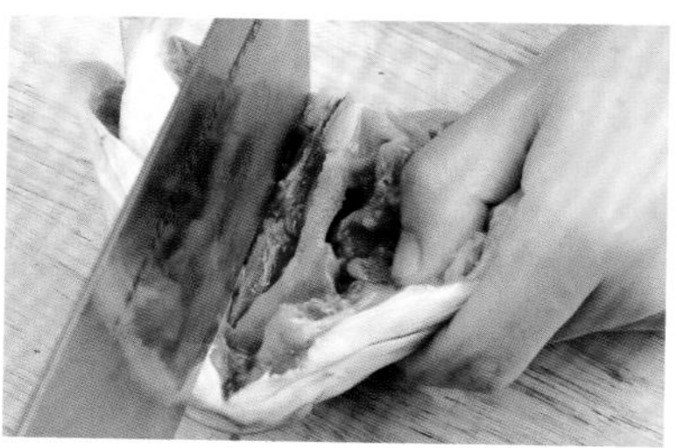

⑦把鱼头斩开。

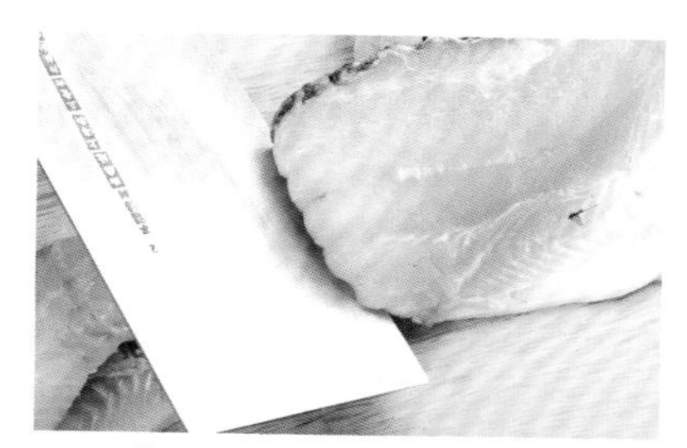

⑧用刀从脊骨处切开鱼肉。

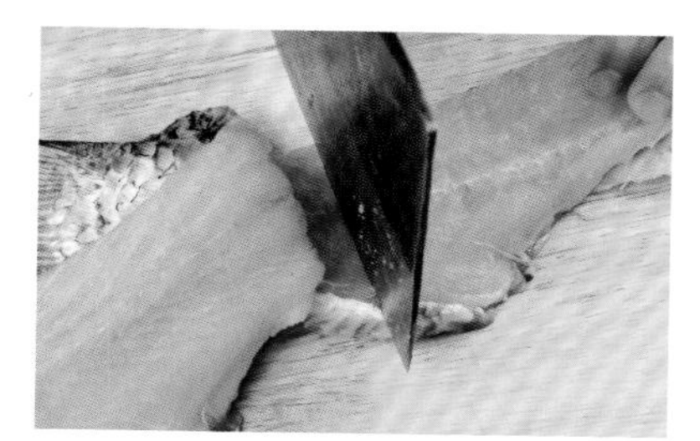

⑨斩去鱼脊背骨。

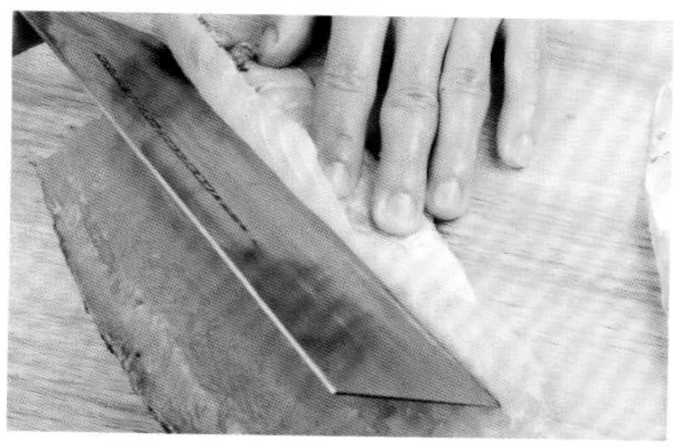

⑩切去鱼排。

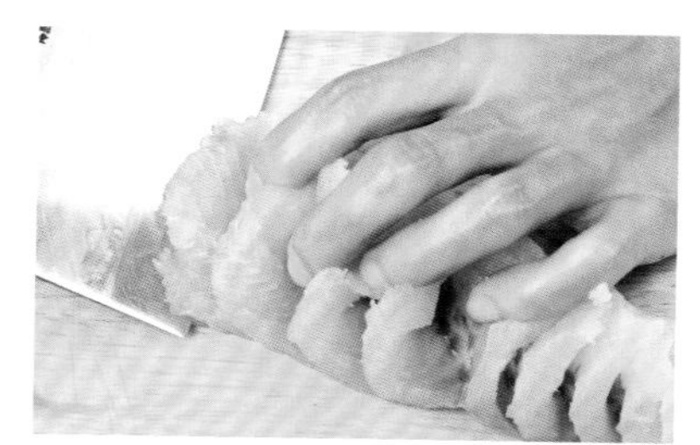

⑪用斜刀切片，但不要切断。

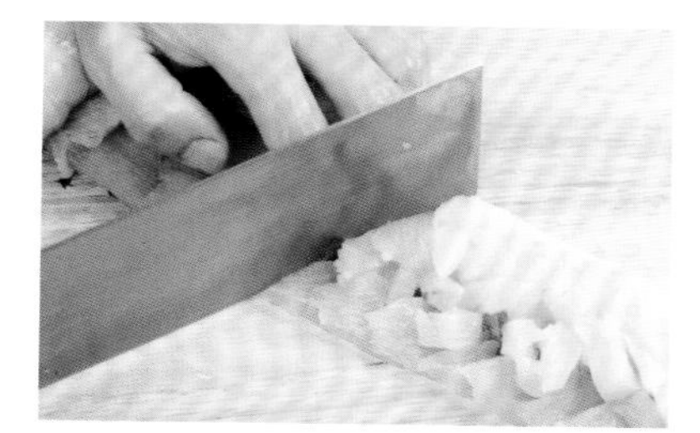

⑫用直刀切花刀。

⑬用同样方法将另外一边切出花刀。

2. 制作菜式：

适合做松鼠鱼、双味鱼、菊花鱼等菜式。

其他刀工

块

1. 操作步骤：

①从脊背骨切下鱼肉。

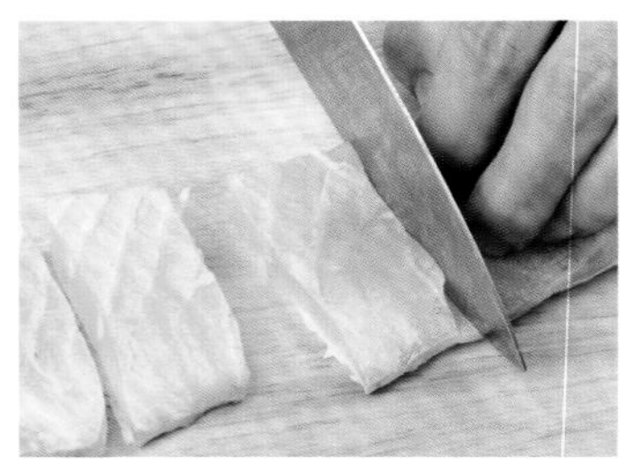

②把鱼肉切成块状。

2. 制作菜式：

适用于红烧、糖醋等菜式。

鱼排

1. 操作步骤：

①把鱼肉切块。

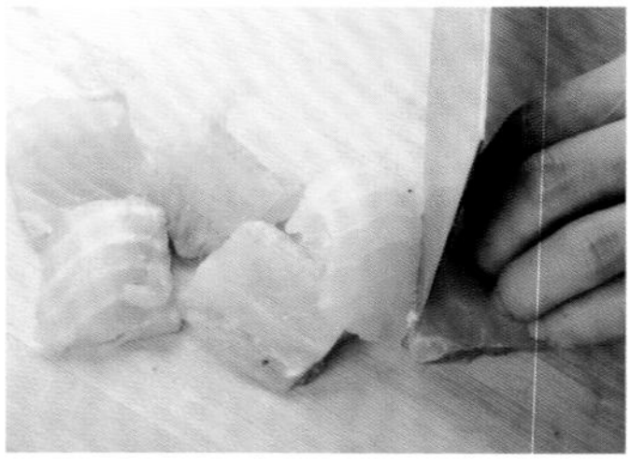

②将鱼肉改切成方块。

2. 制作菜式：

鱼排：适用于爆炒。

菊花刀

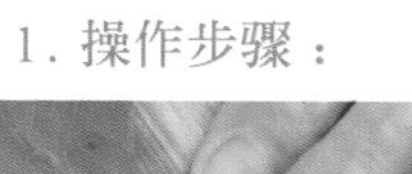

1. 操作步骤：

①鱼肉用斜刀切连刀片。

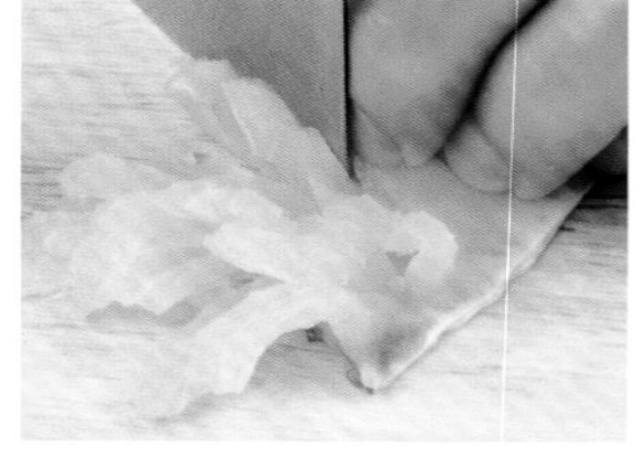

②用直刀切连刀片法将鱼肉切成菊花状。

2. 制作菜式：

菊花刀：适用于油炸。

丁

操作步骤：

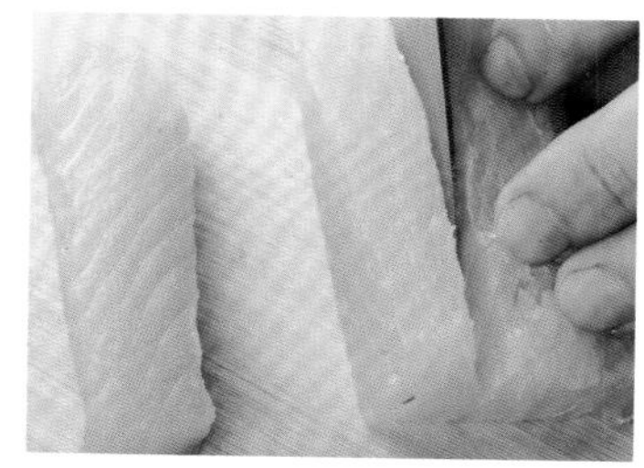

①先将鱼肉切成条形。

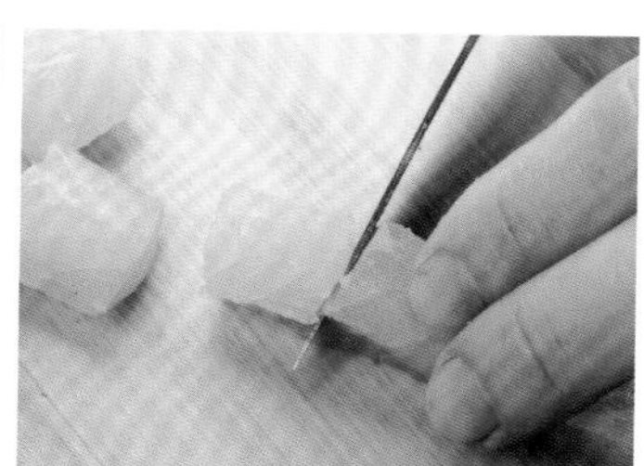

②再切成鱼丁。

菱形丁

操作步骤：

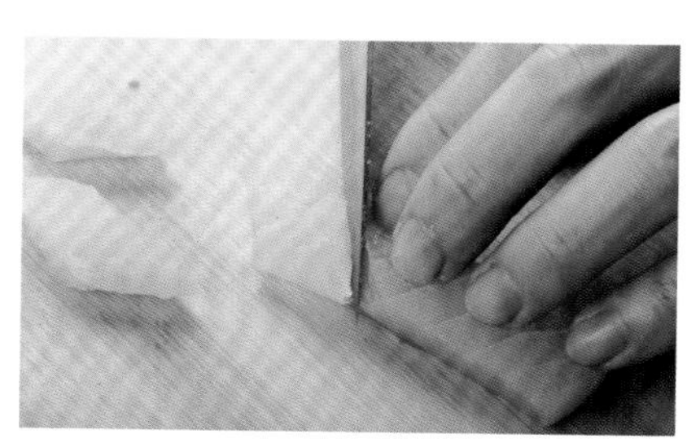

把鱼肉条斜切成菱形丁。

丝

1. 操作步骤：

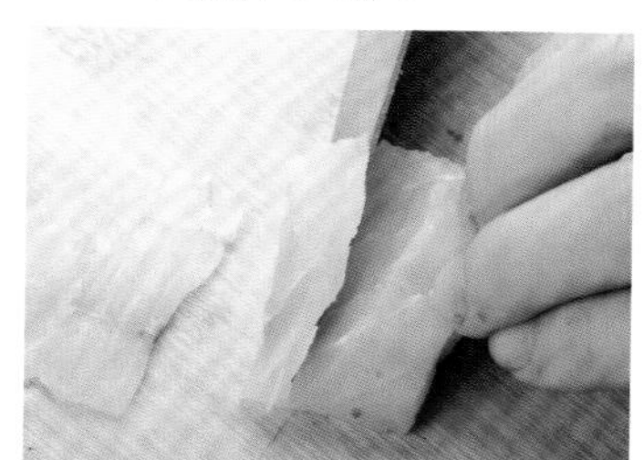

①先将鱼肉切成薄片。

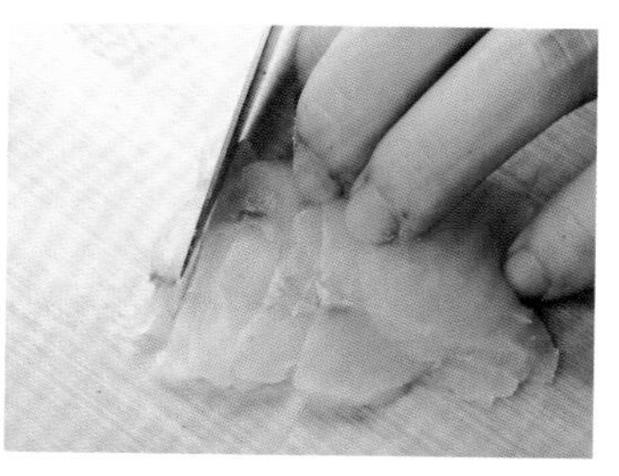

②再将鱼片直刀切丝。

2. 制作菜式：

丁：适用于爆炒菜式，如辣子鱼丁。

菱形丁：适用于清炒。

丝：适用于爆炒、滑熘。

鲤鱼

鲤鱼俗称鲤拐子、毛子等，是世界上养殖最早的鱼类，远在殷商时代便开始池塘养殖鲤鱼。据《诗经》记载，周文王曾凿池养鲤。两千多年来，鲤鱼一直被视为上品鱼，至今民间许多地方还保留着逢年过节拜访亲友送鲤鱼的风俗。

代表刀工：大翻刀

1. 操作步骤：

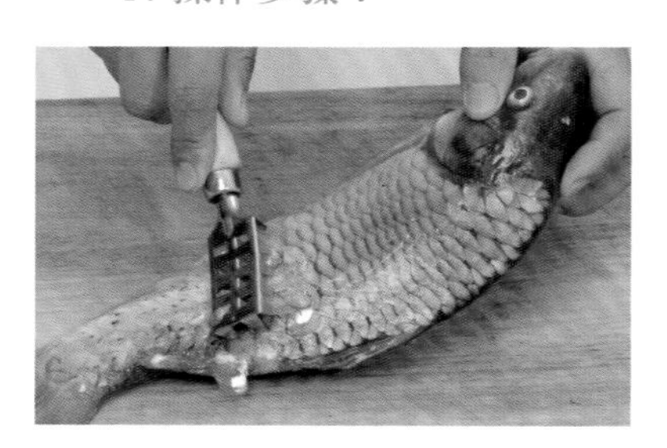

①将鲤鱼鱼鳞打去。

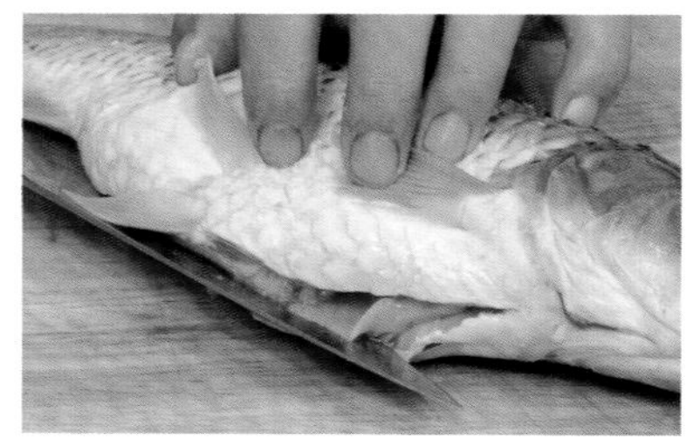

②将鲤鱼腹部开一刀。

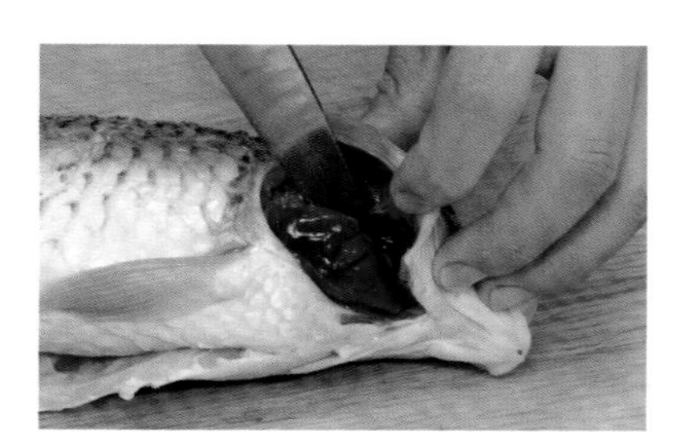

③将鱼鳃切去。

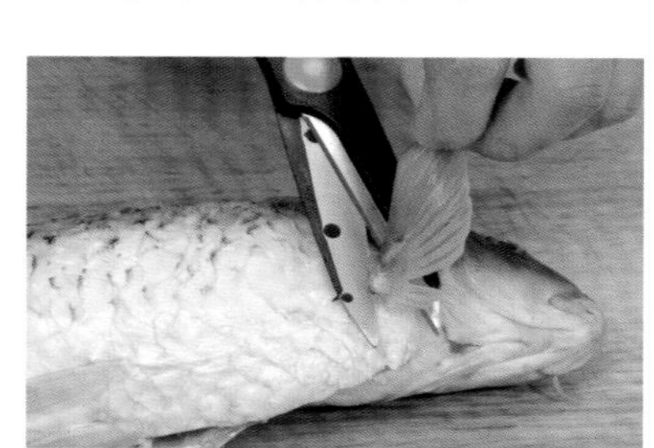

④用剪刀剪去鱼鳍。

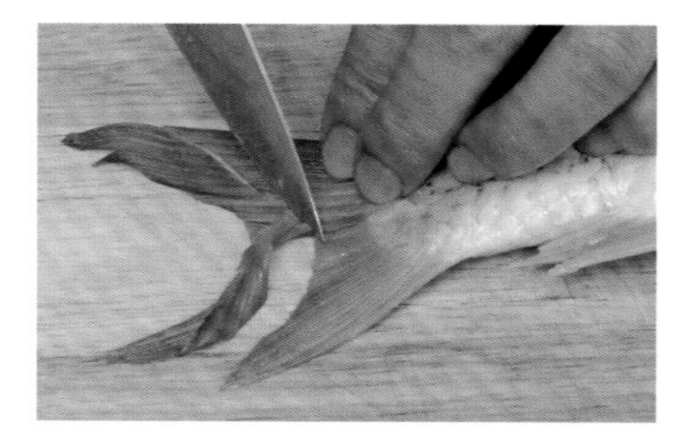

⑤将鱼尾改刀。

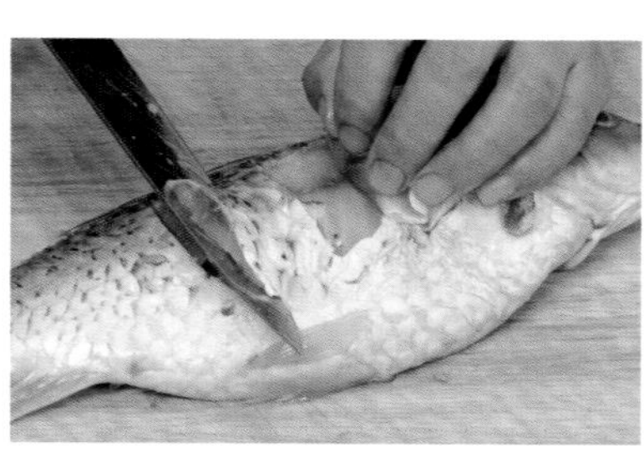

⑥将鱼身片为大厚片状。

2. 制作菜式：

适合做成糖醋鲤鱼。

太阳鱼

太阳鱼是鲈形目棘臀鱼科太阳鱼属的一种，原产于北美，个体较小，常见的多为 50~100 克，大者达 2 千克左右。从形态来看，鳃盖后缘长有一块黑色形似耳状的软膜，这是所有太阳鱼的一个共同特征。它头小背高，肉质丰厚，味道鲜美，是许多名优鱼种所不能相比的。

——代表刀工：一字刀——

操作步骤：

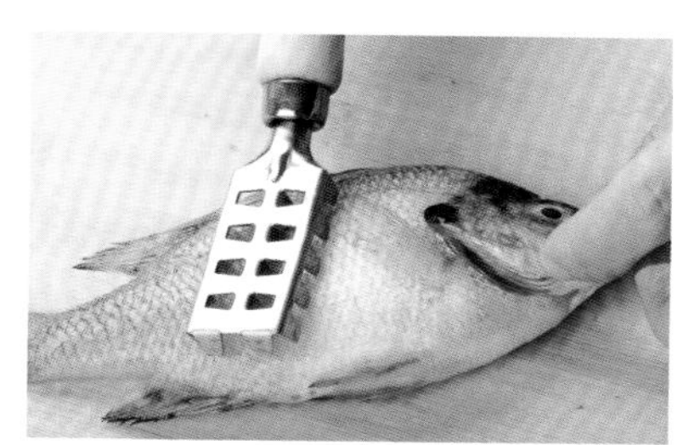

①刷去鱼鳞。

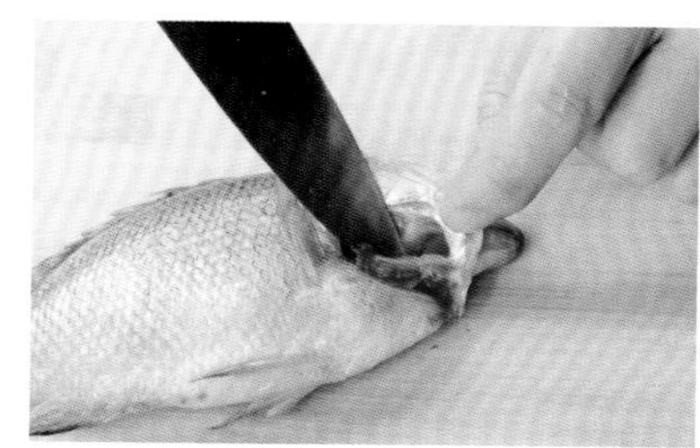

②用刀挖去鱼鳃。

③剪去鱼鳍。

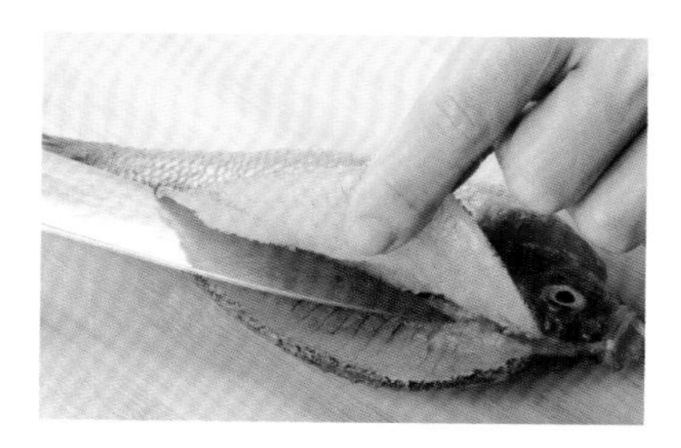

④在太阳鱼的背上开膛。

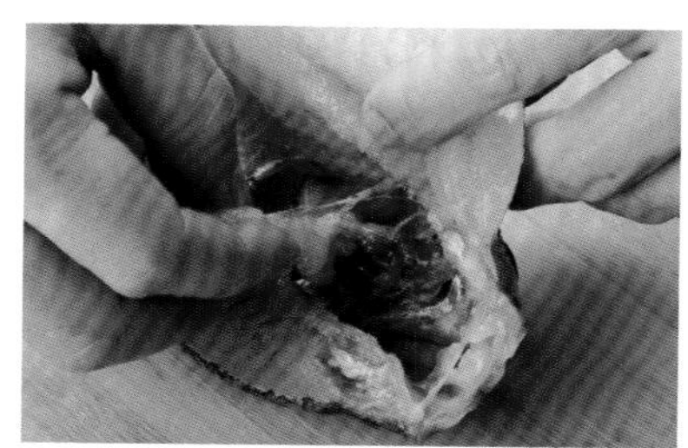

⑤取出内脏部分。

⑥用清洁布将鱼内部清洁干净。

⑦将太阳鱼平放，切上一字刀。

鳙鱼

鳙鱼又称胖头鱼、大头鱼，有的地方称为花鲢，是我国著名的四大淡水鱼之一。胖头鱼头大而体肥，肉质雪白细嫩，深受人们喜爱，特别是近几年随着鱼头火锅的流行，人们对它更加青睐。胖头鱼属高蛋白、低脂肪、低胆固醇鱼类，对心血管系统有保护作用，经常食用，能暖胃、防头眩、益智商、助记忆、延缓衰老。

代表刀工：鱼头

操作步骤：

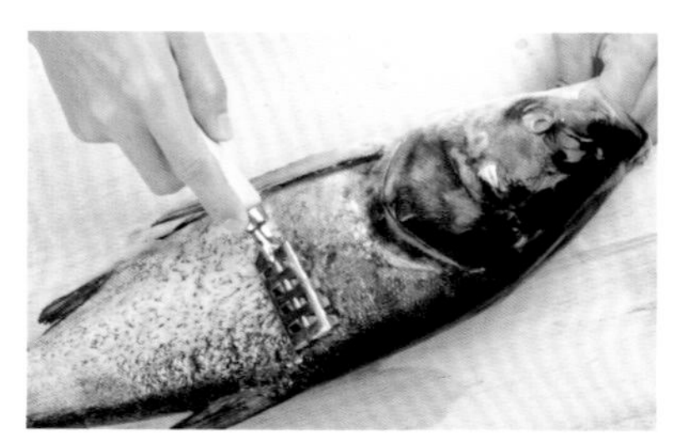

①用去鳞刷将鱼鳞刮净。

②用刀挖去鱼鳃。

③用刀将鱼腹开膛去内脏。

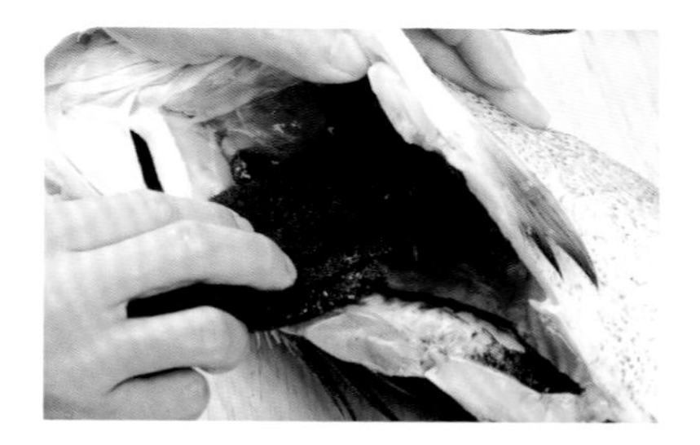

④用清洁布清洗鱼体内的黑膜。

⑤用刀斩去鱼鳍。

⑥从鱼鳃约 3cm 处将鱼头切下。

⑦将鱼头斩开。

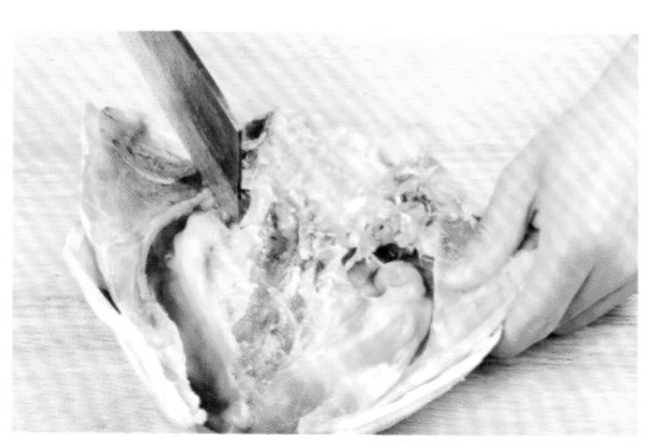

⑧用刀尖将鱼头肉斩松。

⑨在鱼头上切一字刀。

—— —— —— 其他刀工 —— —— ——

鱼尾

1. 操作步骤：

①～⑤. 同“鱼头”操作步骤①～⑤。

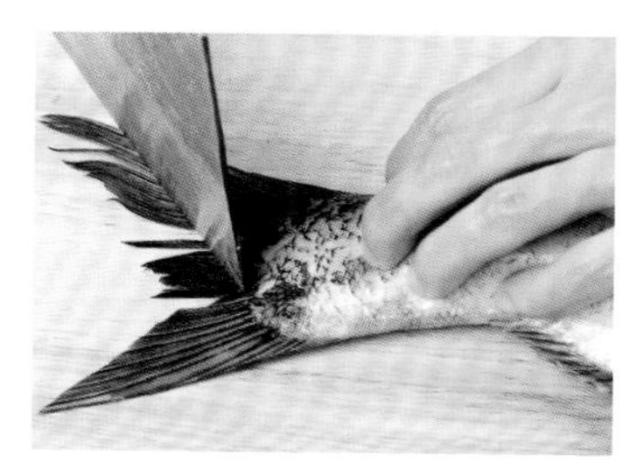

⑥将鱼尾切成较为整齐的形状。

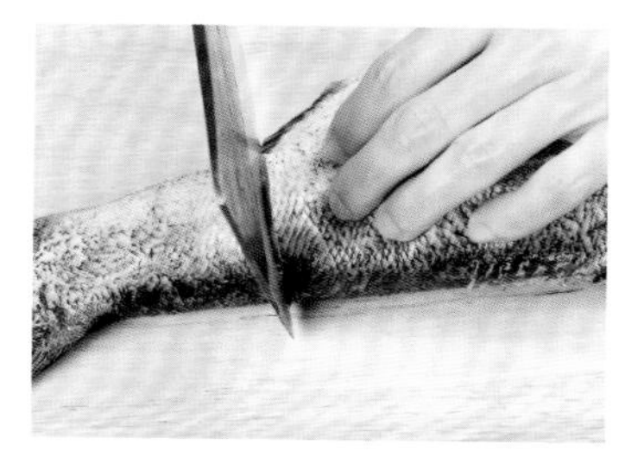

⑦将鱼尾留出 5cm 斩开。

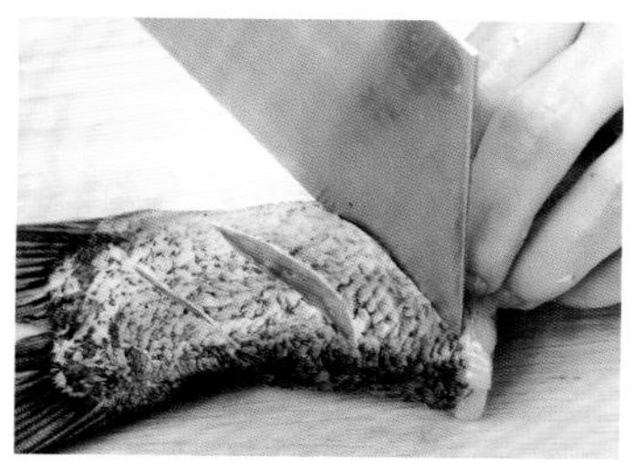

⑧在鱼尾上切一字刀。

2. 制作菜式：

鱼头：适用于清蒸、剁椒蒸。

鱼尾：适用于红烧。

鱼片

操作步骤：

①将胖头鱼从脊骨处一分为二。

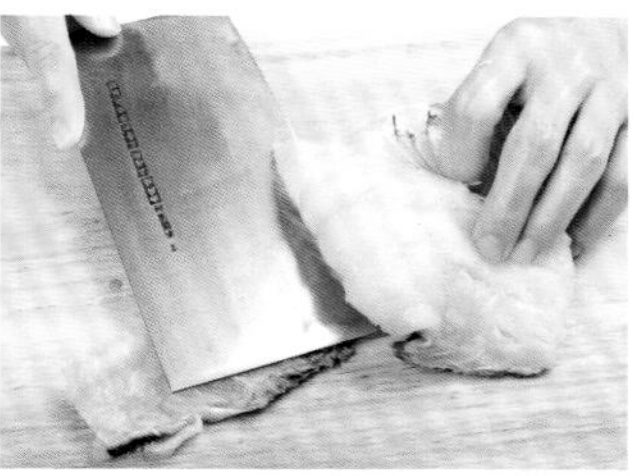

②剔去脊骨。

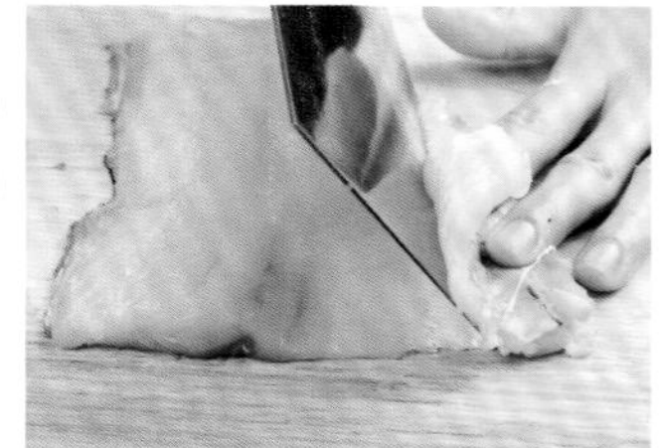

③片去鱼排骨刺。

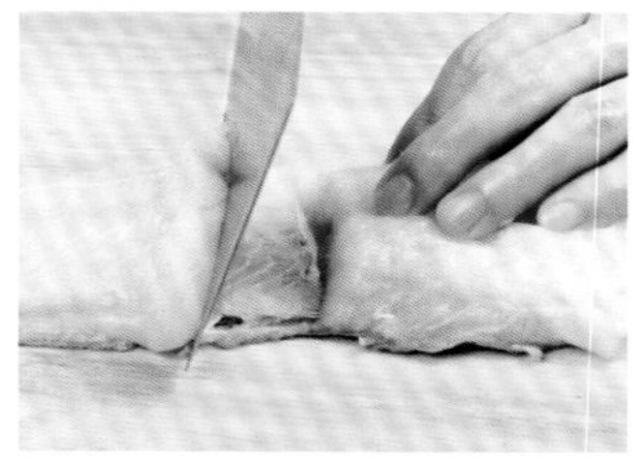

④剔出鱼片。

⑤将鱼肉片成鱼片。

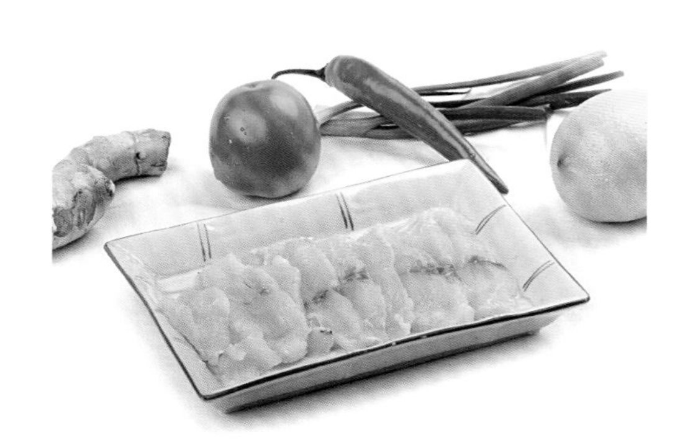

鱼丸

1. 操作步骤：

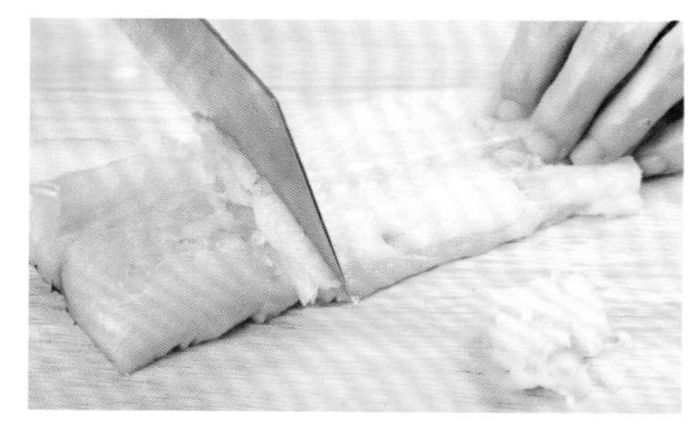

①将鱼肉剁成泥状。

②再用刀剁成细泥。

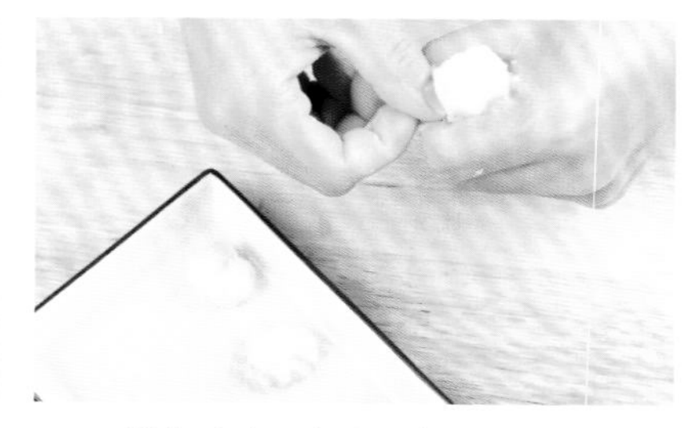

③加入调味品，挤成鱼丸。

2. 制作菜式：

鱼片：适用于爆炒、水煮。

鱼丸：适用于做汤、火锅、砂锅煲等。

鲶鱼

鲶鱼学名鲇鱼，又名胡子鲢、黏鱼、塘虱鱼、生仔鱼。所有的鲶鱼都没有鱼鳞，它们的表皮赤裸，或者覆盖着骨质的盾片，身体表面多黏液。鲶鱼头扁而口阔，通常在上颚上方有一对像猫胡须一样的触须，有的在嘴边或下颚还有一对。由于其肉质鲜嫩、刺少、营养丰富而备受人们的喜爱。

整条

操作步骤：

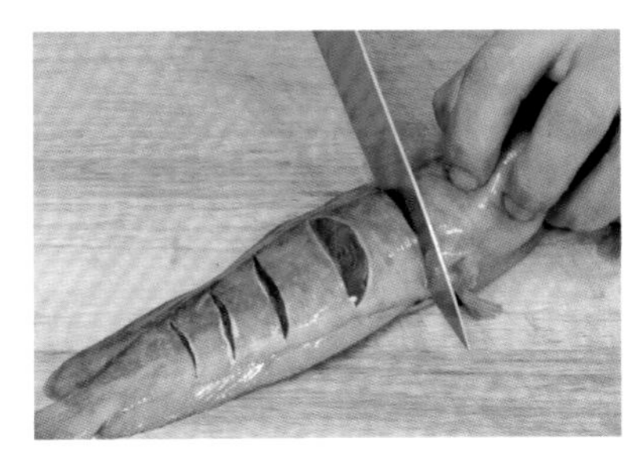

将鲶鱼切为一字刀连刀状。

块

1. 操作步骤：

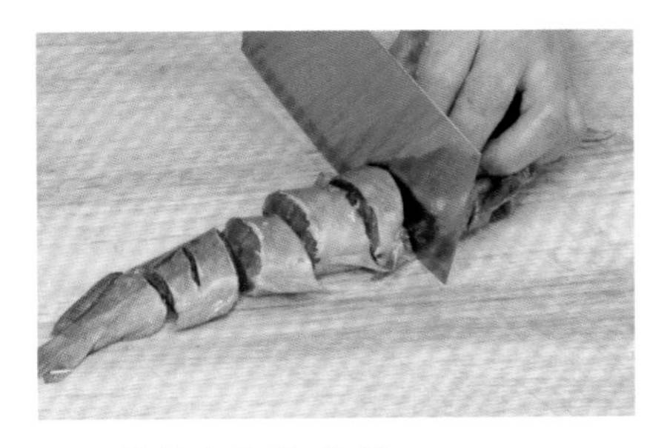

将鲶鱼切为块状。

2. 制作菜式：

整条：适合做成清蒸鲶鱼。

块：适合做成红烧鲶鱼。

鳝鱼

鳝鱼又称黄鳝，体形似蛇，圆柱状，无鳞，体表有一层光滑黏液，背部青褐色，有灰褐色斑点。鳝鱼是我国特有的野生鱼类，除西北以外，各地均有出产，以江南最多。中医认为，鳝鱼味甘性温，有补肾损、祛风湿、强筋骨、壮肾阳的功效。

代表刀工：段

操作步骤：

①将鳝鱼的腹部剪开。

②用剪刀将鳝鱼开膛。

③取出内脏。

④在鳝鱼的背上切成一字刀。

⑤再切成鳝段。

花刀片

操作步骤：

①~③. 同“段”操作步骤①~③。

④用刀在脊骨的两侧各划一刀。

⑤用刀片去脊骨。

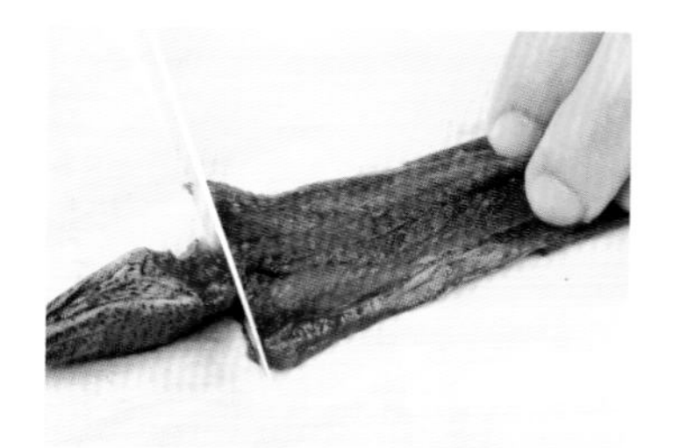

⑥切去鳝鱼头。

⑦将鳝片斜切成片状。

丝

1. 操作步骤：

①~⑥. 同“花刀片”操作步骤①~⑥。

⑦将鳝片斜切成细丝。

2. 制作菜式：

段：适用于煲、红烧。

花刀片：适用于油炸、水煮。

丝：适用于爆炒。

草虾

草虾为淡水虾，其肉质肥嫩鲜美，营养丰富。虾肉含有大量优质蛋白质，脂肪含量却很低，还含有丰富的钙，是孕妇和儿童补钙的最佳食物来源之一，因此深受人们的喜爱。草虾的食用方法很多，如油爆虾、陈皮虾、盐水虾、白灼虾、炝虾、醉虾等。其一般处理方法为：先用剪刀剪去虾须和虾脚，然后放在水盆里冲洗，直到水清即可。

代表刀工：油焖虾的刀工

1. 操作步骤：

①剪去虾枪及虾腿部分。

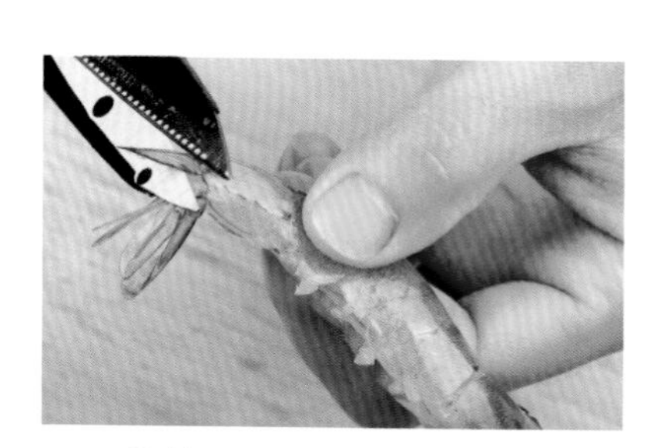

②剪去虾尾尖。

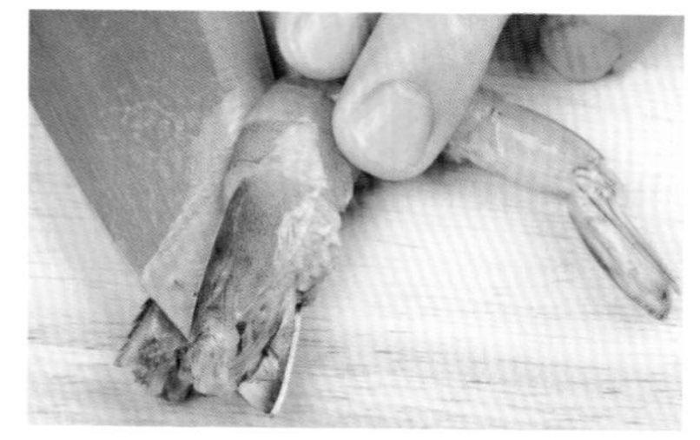

③在虾背部开一刀。

④用牙签挑去虾线。

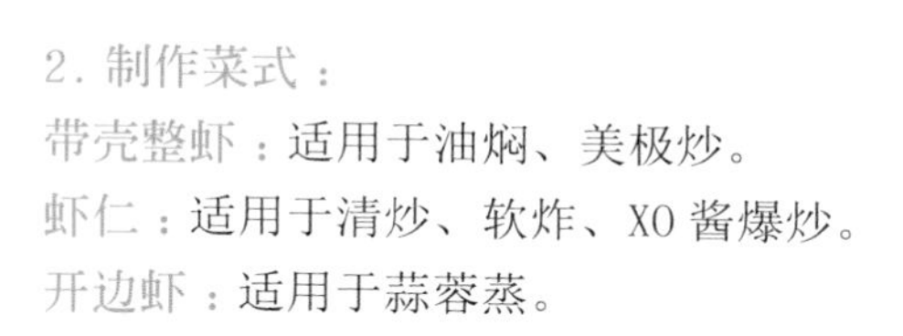

2. 制作菜式：

带壳整虾：适用于油焖、美极炒。

虾仁：适用于清炒、软炸、XO 酱爆炒。

开边虾：适用于蒜蓉蒸。

其他刀工

虾仁的刀工

操作步骤：

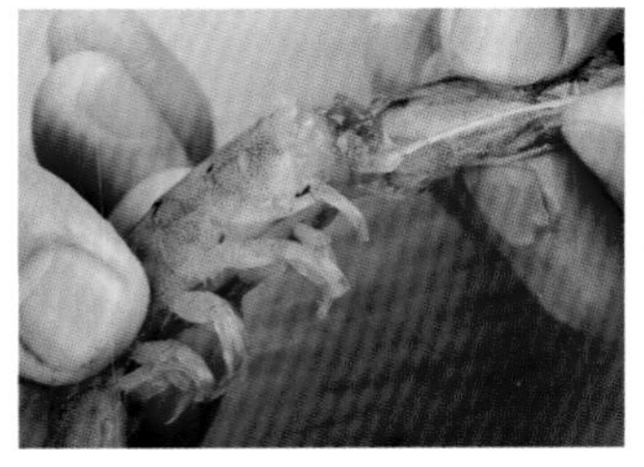

①用手挤去虾头。

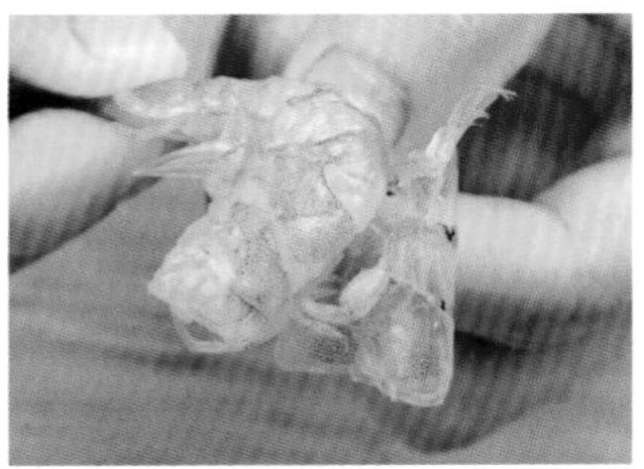

②剥去虾的外壳。

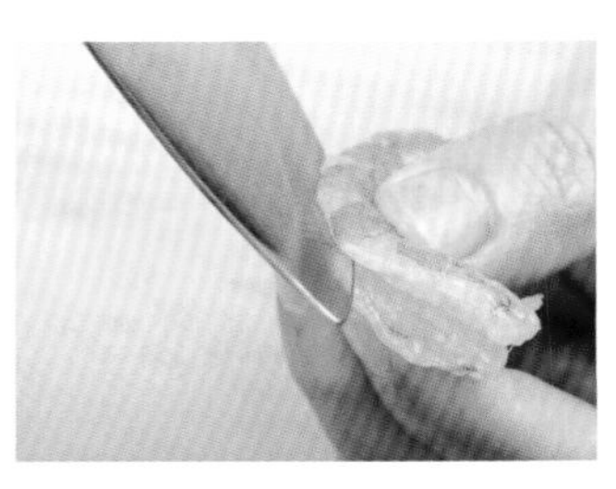

③从虾仁背部划一刀。

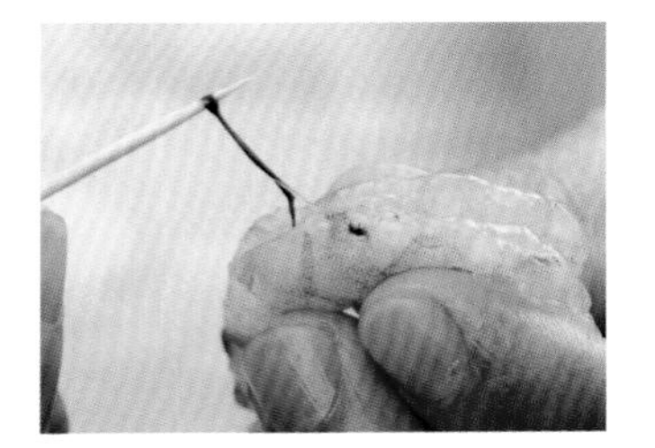

④用牙签挑出虾线。

开边虾的刀工

操作步骤：

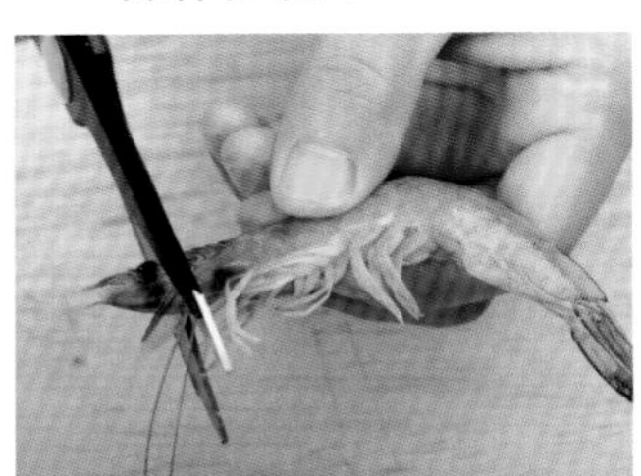

①用剪刀剪去虾枪。

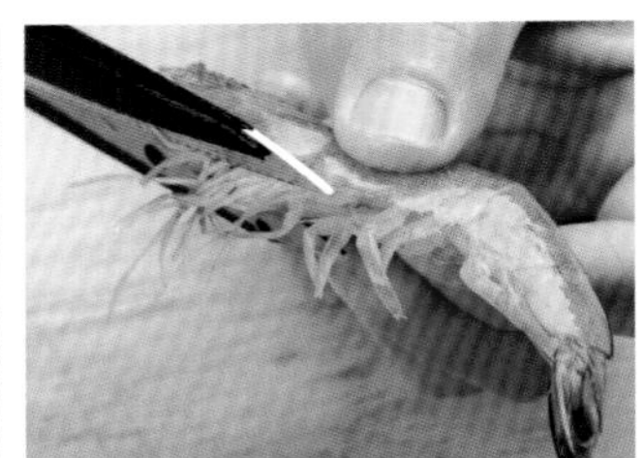

②剪去虾腿。

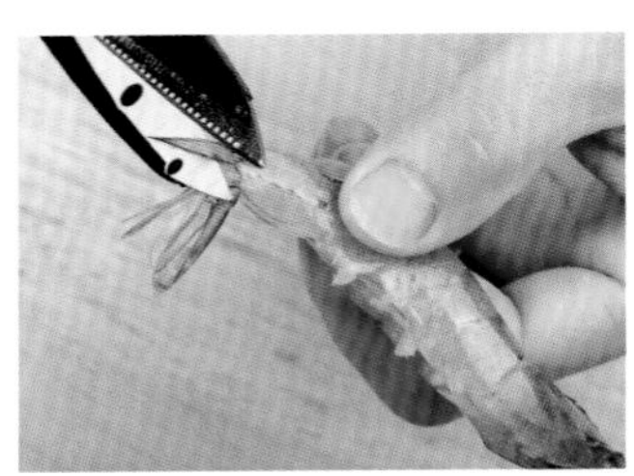

③剪去虾尾尖。

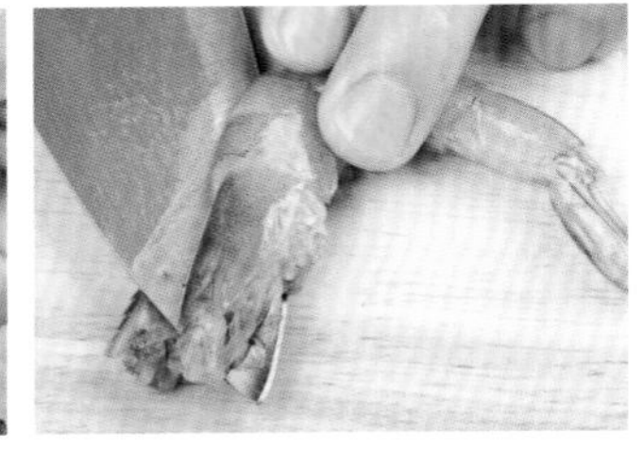

④用刀从虾头将虾片成两片。

凤尾虾的刀工

1. 操作步骤：

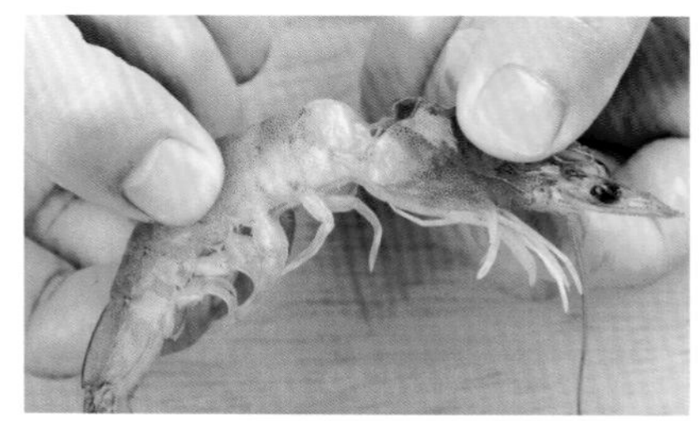

①将虾去头。

②剥去虾身的外壳部分。

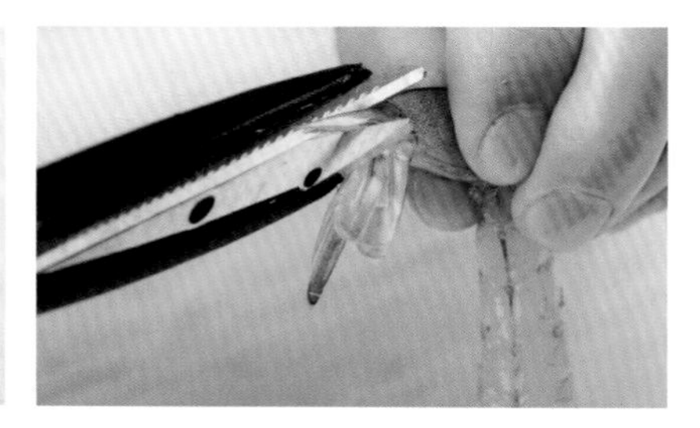

③剪去虾尾尖。

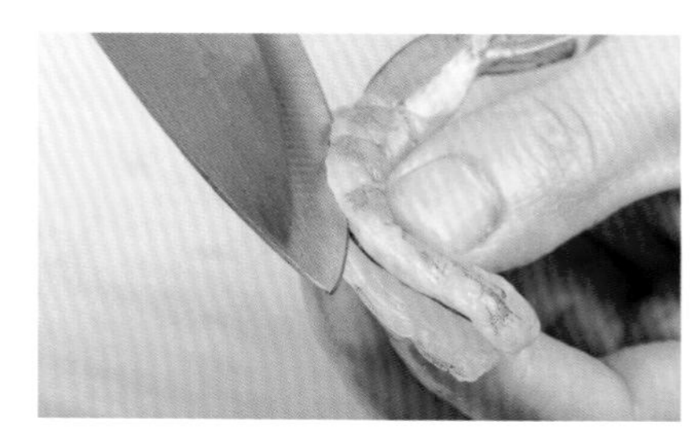

④在虾肉的背部划一刀。

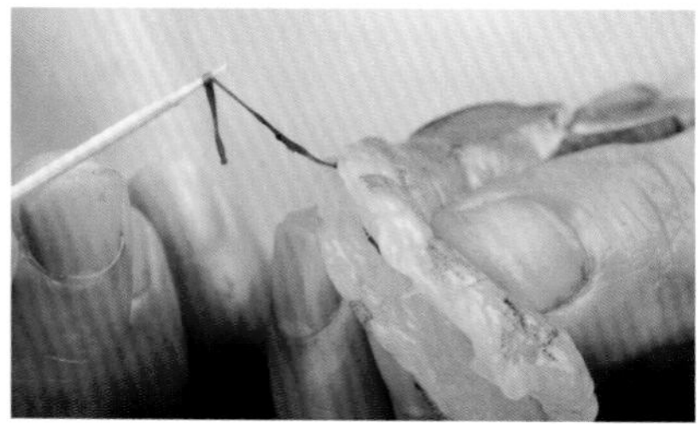

⑤用牙签挑去虾线。

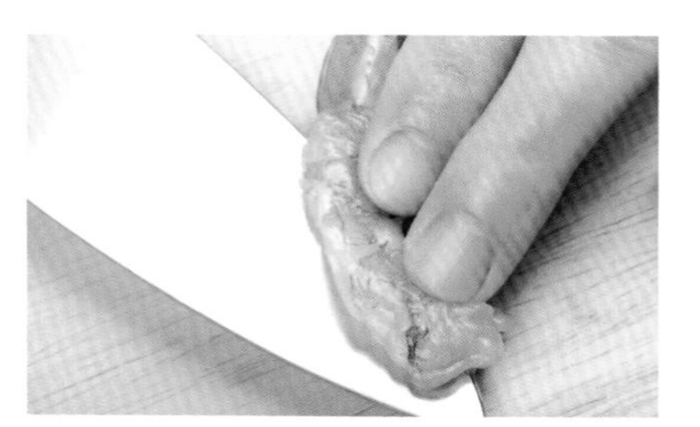

⑥用刀从虾背切开。

⑦用刀背将虾肉斩松。

2. 制作菜式：

适合做成酥炸凤尾虾。

甲鱼

甲鱼又称元鱼、水鱼，俗称鳖，分布很广，但以长江流域为主，6~7 月产量最多，肉质最肥。它的营养价值很高，有补血、益气的功能，为滋补佳品。

一般处理

方法一

操作步骤：

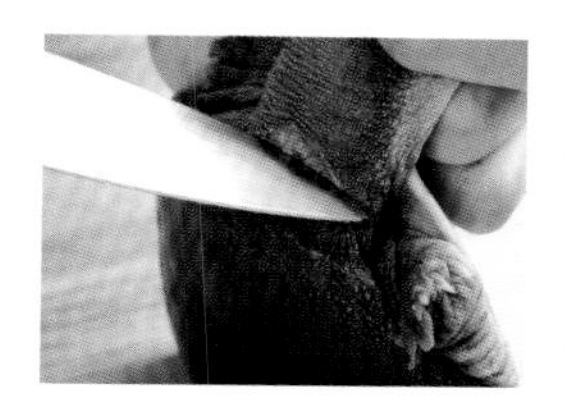

①抓住甲鱼的颈部，从甲鱼的颈部背后切一刀。

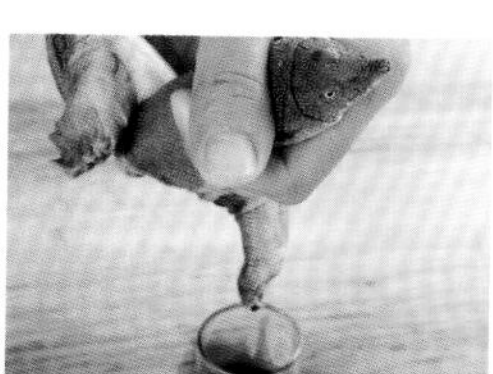

②将甲鱼的血液放净。

③用开水将甲鱼烫一下。

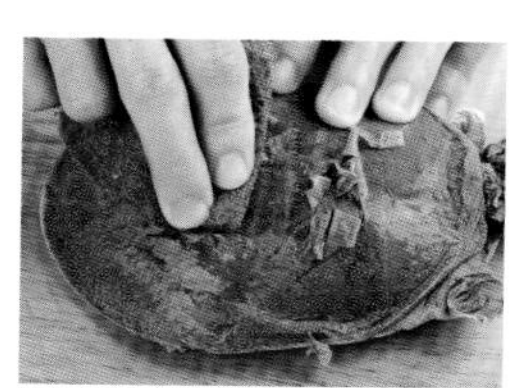

④用清洁布擦去甲鱼的外皮。

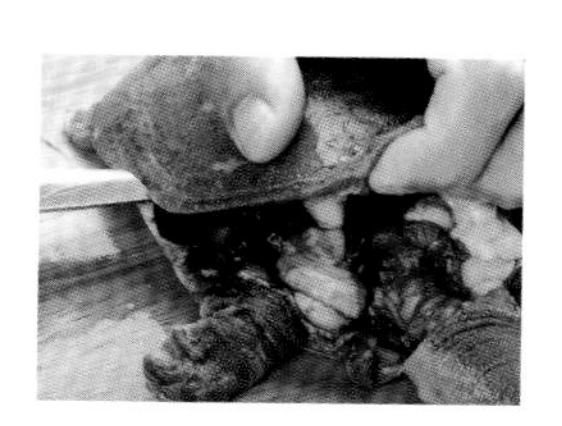

⑤沿着甲鱼的裙边切开。

⑥打开甲鱼的外壳。

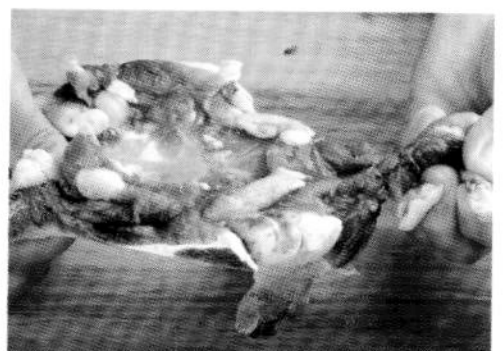

⑦取出甲鱼的内脏。

⑧切去甲鱼腿部的肥肉。

⑨剪去甲鱼爪尖。

方法二

1. 操作步骤：

①将洗净的甲鱼肉斩成件。

②再将甲鱼壳也斩成大件。

2. 制作菜式：

方法一：适合做成清炖甲鱼、甲鱼炖鸡。

方法二：适合做成红烧甲鱼、红焖甲鱼等。

罗非鱼

罗非鱼俗称非洲鲫鱼，是一种中小型鱼类，海水、淡水中均可生存。它的外形及大小类似鲫鱼，鳍条多棘，似鳜鱼。其肉味鲜美、肉质细嫩、营养丰富，无论红烧还是清蒸，味道都属上乘。

——代表刀工：大翻刀——

操作步骤：

①用鱼刷将鱼鳞刷干净。

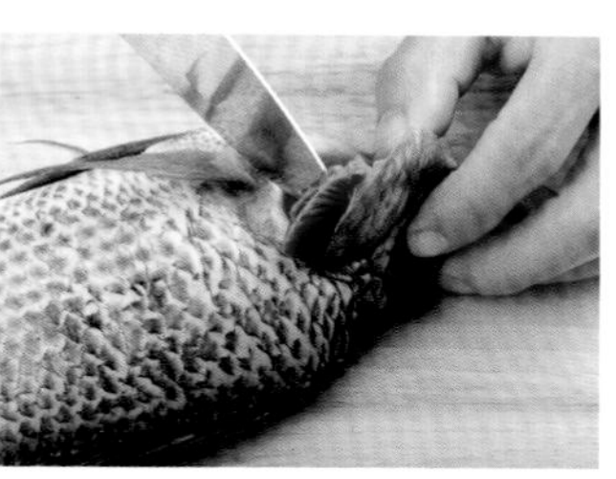

②用刀挖去鱼鳃。

③剪去鱼鳍。

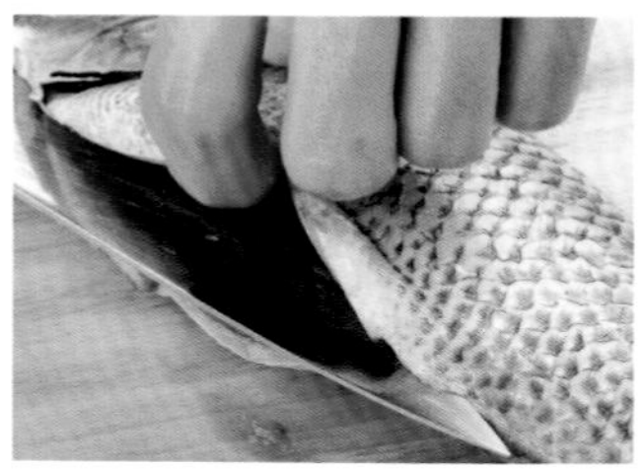

④将罗非鱼开膛、去内脏。

⑤将整好的净鱼切成大翻刀。

整鱼脱骨

1. 操作步骤：

①~③. 同“大翻刀”操作步骤①~③。

④从鱼的背脊片一刀。

⑤用刀慢慢剔出鱼刺、鱼骨等。

⑥慢慢将整条鱼的大骨取出。

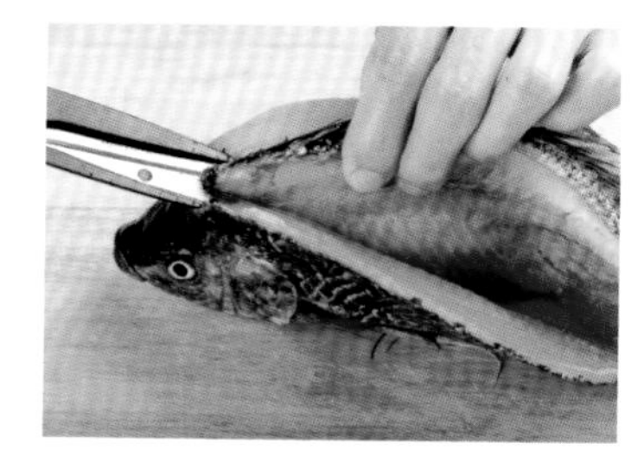

⑦剪去前端的大骨部分。

⑧取出鱼骨。

2. 制作菜式

大翻刀：适用于糖醋、柠汁烧。

整鱼脱骨：适用于清蒸、肉馅酿。

No.3 海鲜类食材刀工技法实例

龙虾

龙虾品种很多，可分为中国龙虾、澳洲龙虾、日本龙虾、波纹龙虾、杂色龙虾、密行龙虾、少刺龙虾、长足龙虾等。在我国，龙虾主要分布于东海、南海海域，尤其以广东、福建、浙江较多。龙虾体长约30厘米，呈圆柱形而略扁，腹部较短，头胸甲壳坚硬多刺，体呈橄榄色并带白色小点，肉多味鲜，适用于刺身等烹制方法。

代表刀工：片

操作步骤：

①将竹签从龙虾的尾部插进去，放水。

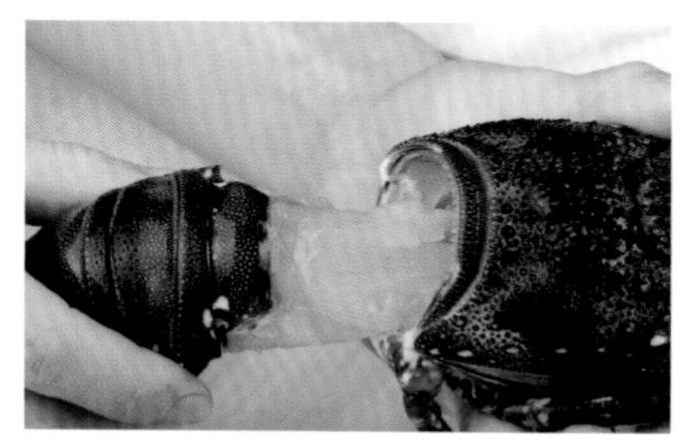

②用手拧下龙虾头。

③用剪刀剪去龙虾的小鳍。

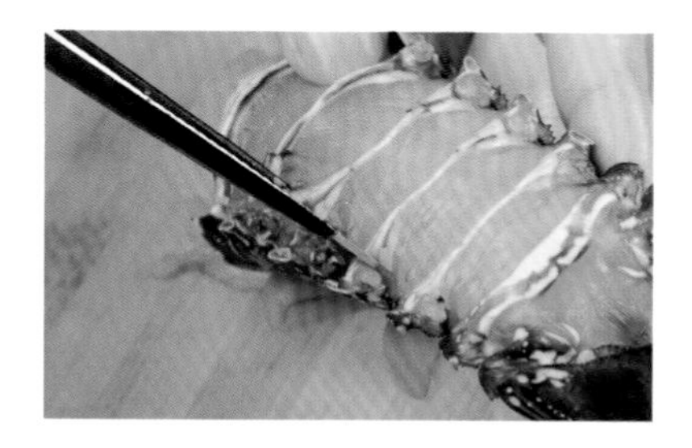

④剪开龙虾腹部的外壳。

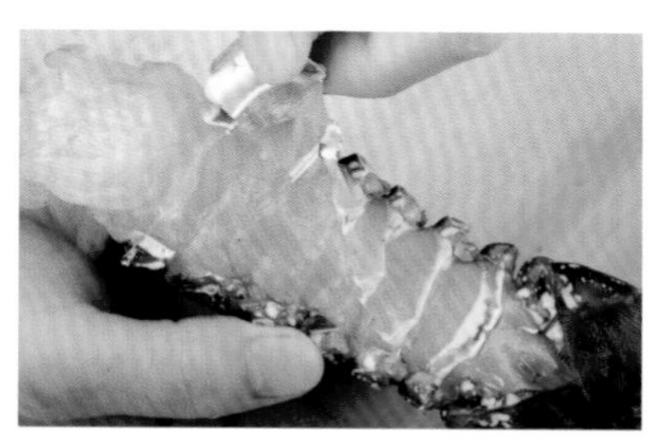

⑤取下腹部的外壳。

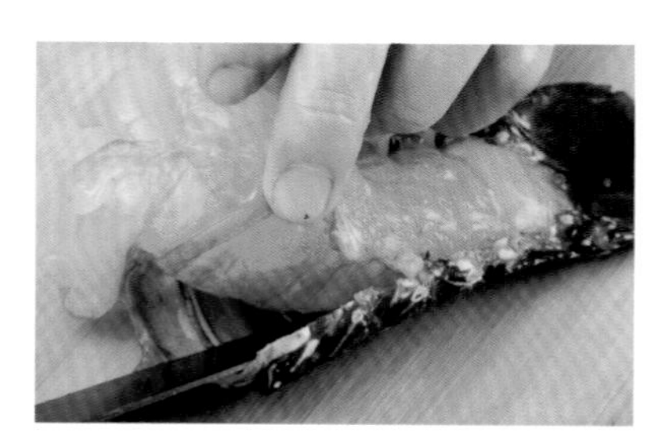

⑥用刀剔下龙虾肉。

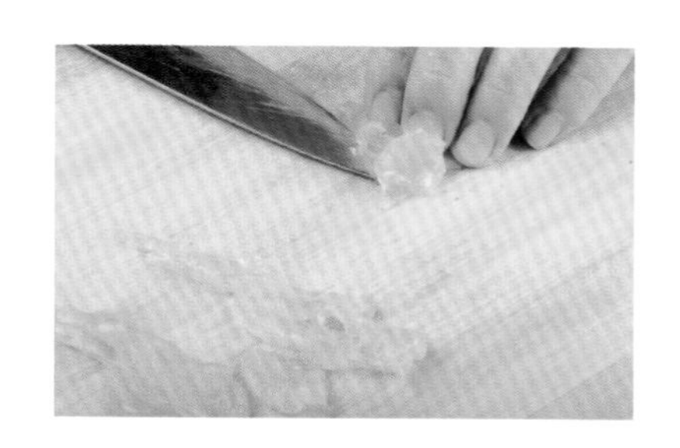

⑦将剔下的龙虾肉切成薄片。

蓉

操作步骤：

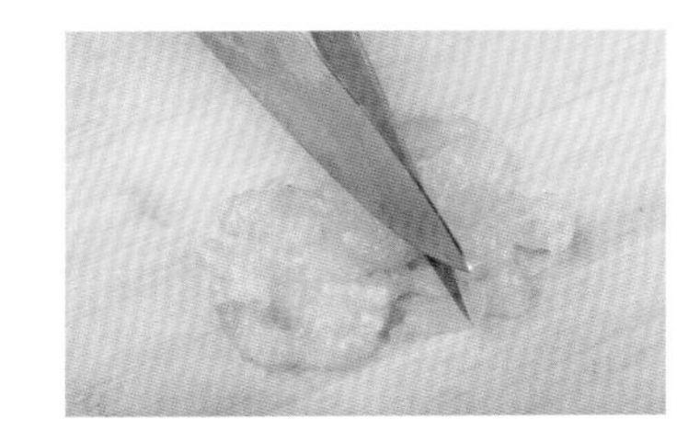

将剔好的龙虾肉剁成蓉。

块（龙虾肉）

操作步骤：

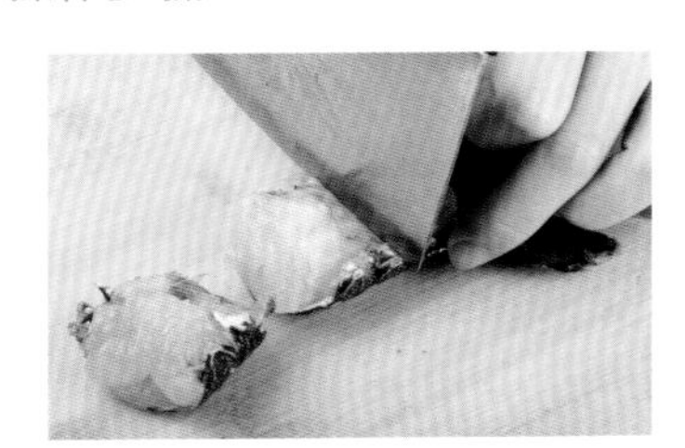

将龙虾切成块状。

块（龙虾头）

1. 操作步骤：

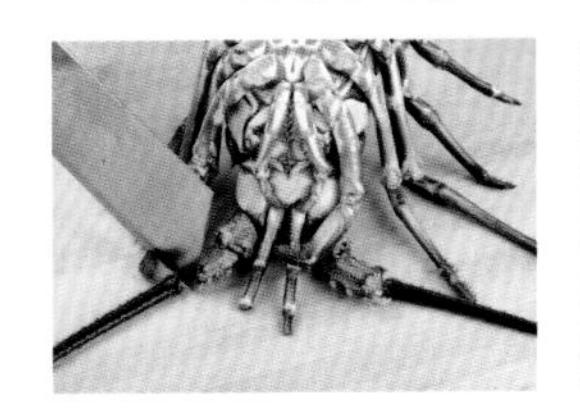

①用刀斩去龙虾的须。

②从龙虾头中间一分为二。

③用刀斩去龙虾的爪子。

④将龙虾爪子部分切成小块。

⑤将龙虾头壳斩成块。

2. 制作菜式

片：适用于刺身。

蓉：用龙虾蓉做成龙虾球，可以加面包糠油炸，也可以炒。

块（龙虾肉）：龙虾块可以加蒜蓉蒸，也可以用牛油焗。

块（龙虾头）：适合做龙虾头，还可加椒盐煲粥。

八爪鱼

八爪鱼身体小而圆，表面光滑，无内骨壳，我国沿海均有出产，以渤海产量为最多。其肉质柔软鲜嫩、鲜爽醇香，最适宜炝、拌，也适宜爆、炒，或与蔬菜搭配（如韭菜、油菜等）烹制。

代表刀工：段

1. 操作步骤：

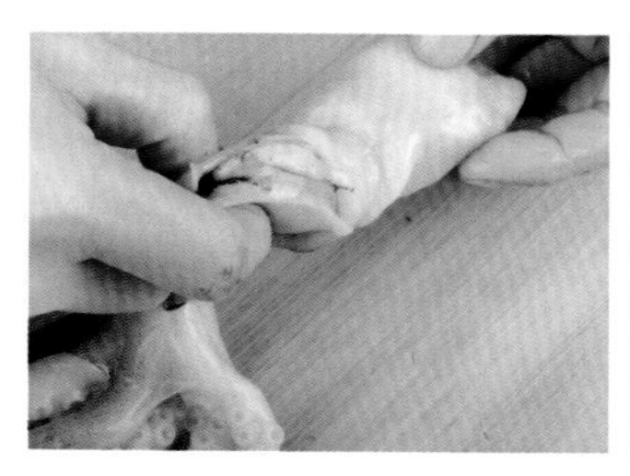

①将八爪鱼头部取出。

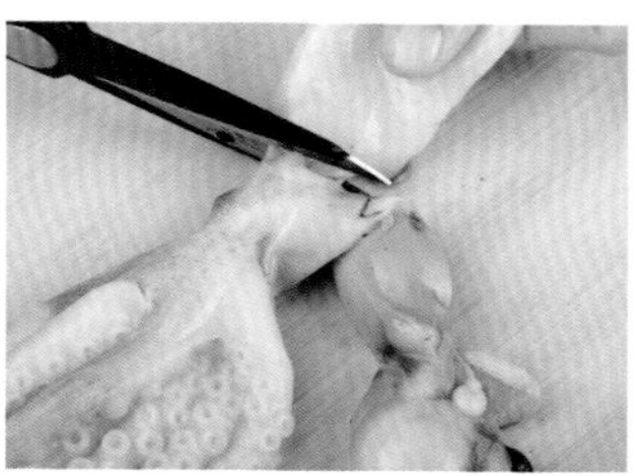

②用剪刀剪开头与身体。

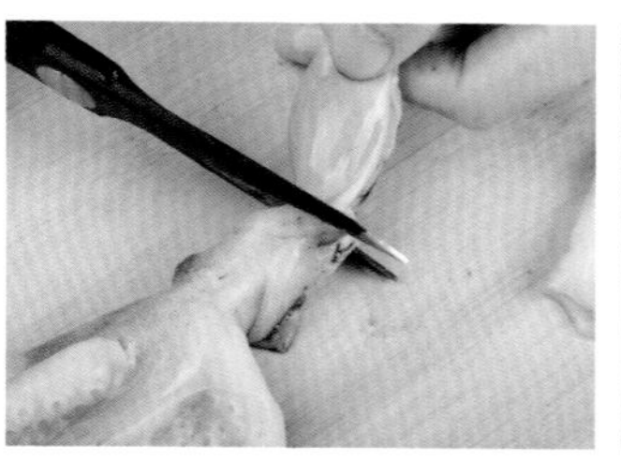

③剪去八爪鱼的内脏部分。

④剪开八爪鱼的眼皮部分。

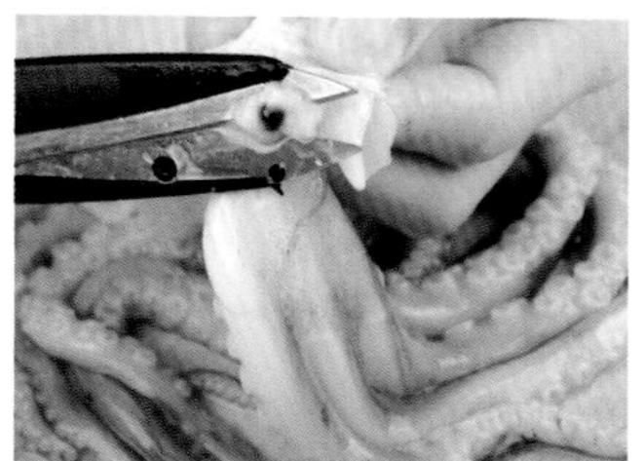

⑤剪掉八爪鱼的眼球。

⑥扯去八爪鱼的外表皮。

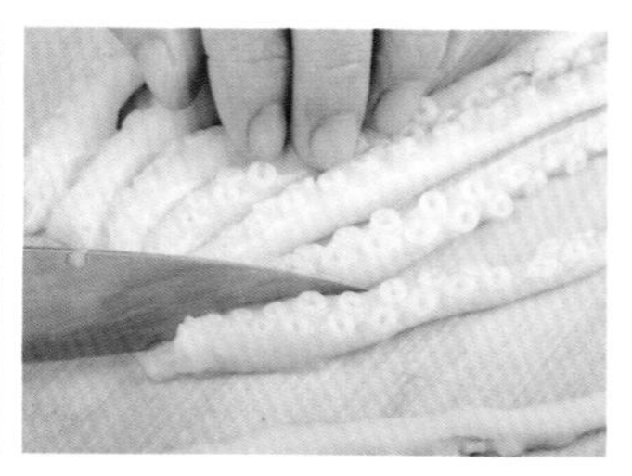

⑦用刀将八爪鱼切开。

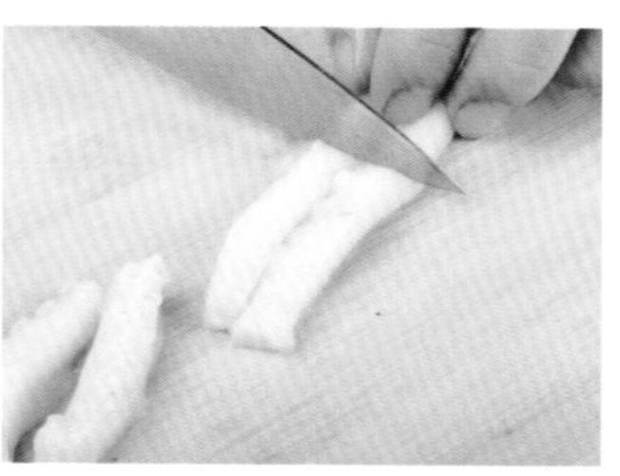

⑧再将八爪鱼切成段。

2. 制作菜式：

段：适合做八爪鱼丝、西芹炒八爪鱼、青椒炒八爪鱼丝等菜式。

块：适合做八爪鱼花、爆双花、兰花炒八爪鱼等菜式。

片：适合做八爪鱼片、刺身和香菜捞八爪鱼片。

块

操作步骤：

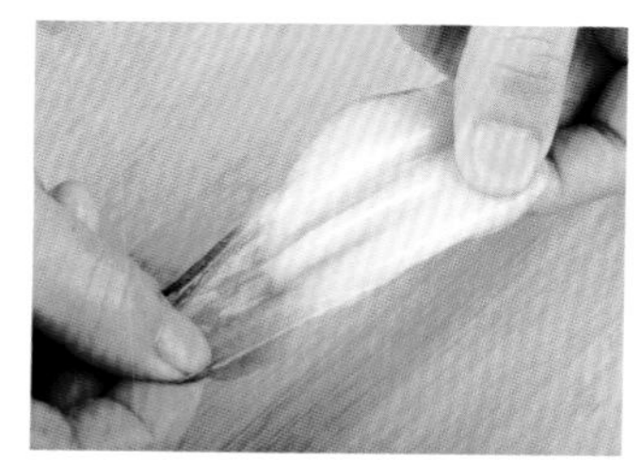

①扯开八爪鱼身上的表皮。

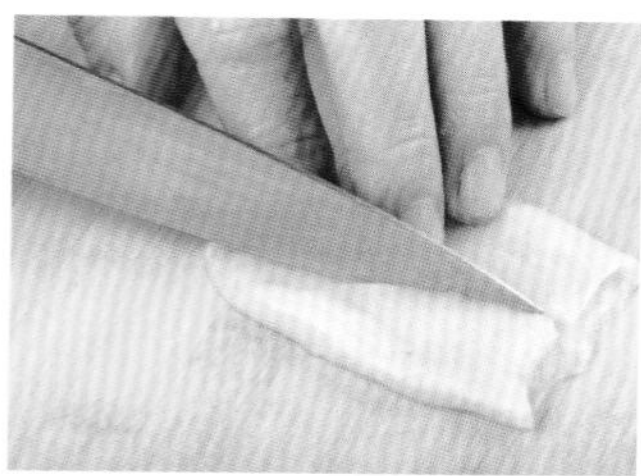

②将八爪鱼身体切开。

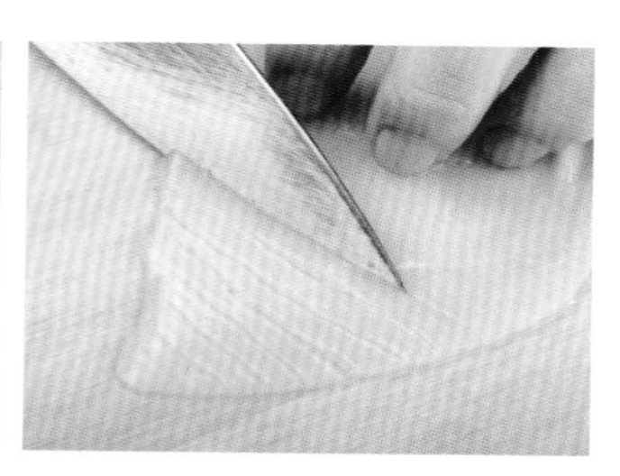

③将八爪鱼斜切一字刀。

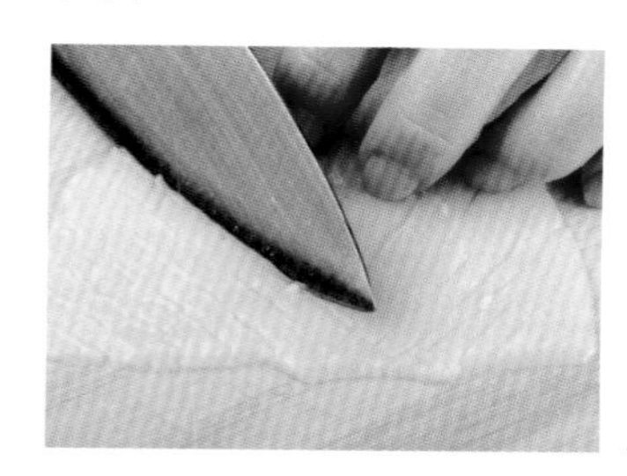

④再将切好一字刀的八爪鱼斜切成十字交叉刀。

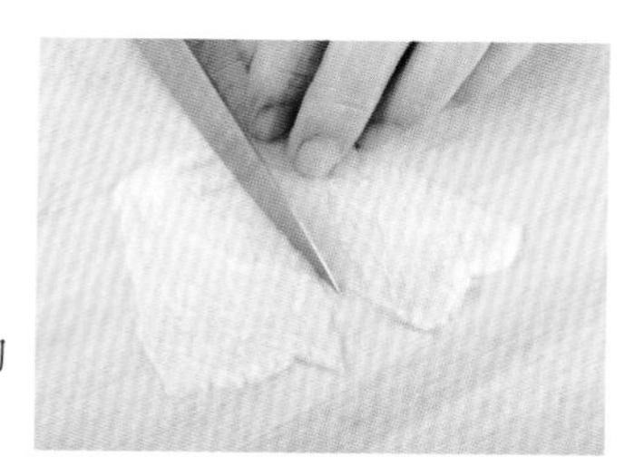

⑤将切好花刀的八爪鱼切成块。

片

操作步骤：

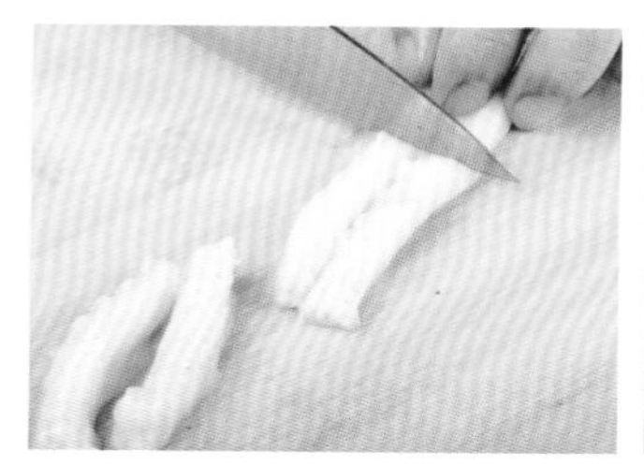

①将八爪鱼须切成段。

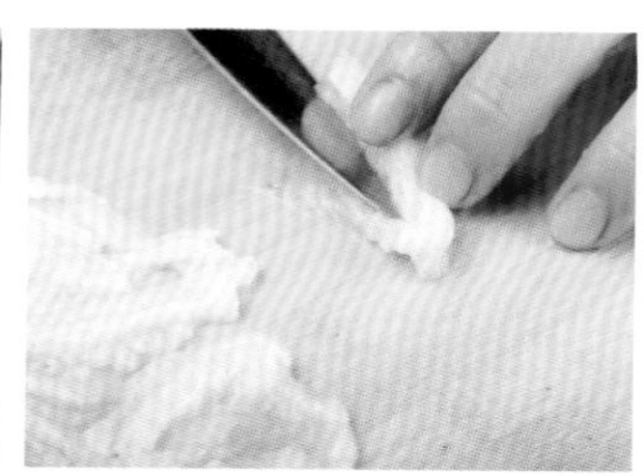

②再滚刀切成片。

丁

1. 操作步骤：

将处理好的八爪鱼切成丁状。

2. 制作菜式：

适合做三色鱼丁、玉米八爪鱼。

蟹

蟹分海蟹和河蟹两种，蟹含有丰富的蛋白质、脂肪和矿物质，肉味鲜美。海蟹的甲壳宽大，略呈菱形，味道鲜美，营养价值很高。

——代表刀工：切——

1. 操作步骤：

①剪去蟹身上的绳子。

②用刀将蟹分开。

③打开蟹的外盖。

④剪去蟹的鳃毛。

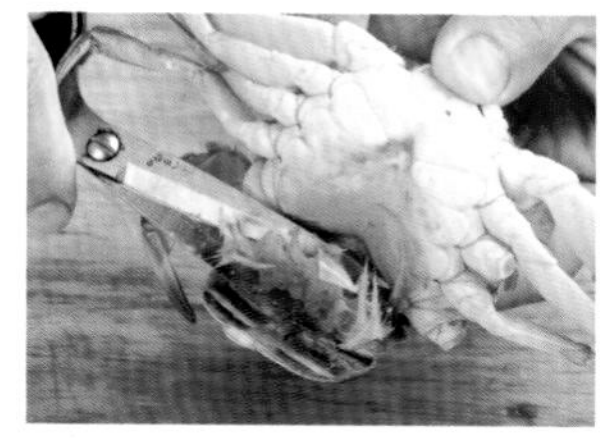

⑤剪去腹部的蟹毛。

⑥切去蟹壳的边沿。

⑦用清洁布清洗蟹的身体内部。

⑧将蟹一分为二。

⑨斩去蟹钳。

⑩将蟹肉切成小块。

⑪用刀将蟹钳拍松。

2. 制作菜式：

方法一：适用于姜葱焗。

方法二：适用于红烧。

三文鱼

三文鱼又称大马哈鱼或鲑鱼，属于珍贵鱼类，产于我国黑龙江、乌苏里江、图门江等水域。三文鱼鱼卵生在内河，然后下海生长一段时间，再返回出生的河流。秋冬时是三文鱼味最美的季节。三文鱼适宜清蒸、红烧及干烧，也适宜腌制成咸鱼，味道非常鲜美。

——代表刀工：块——

1. 操作步骤：

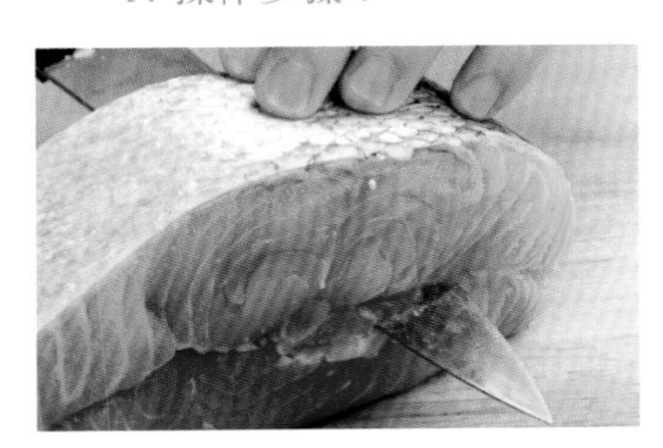

①将大块的三文鱼从脊骨处一分为二。

②片去三文鱼的脊骨。

③片去三文鱼的皮。

④片去三文鱼肚腩上的肥油。

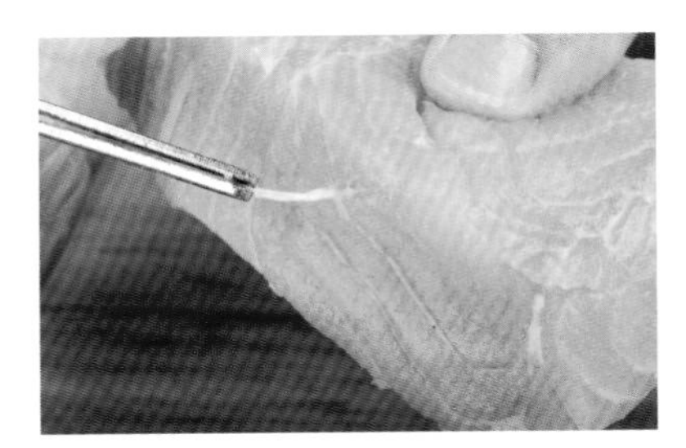

⑤用镊子夹出三文鱼的大刺。

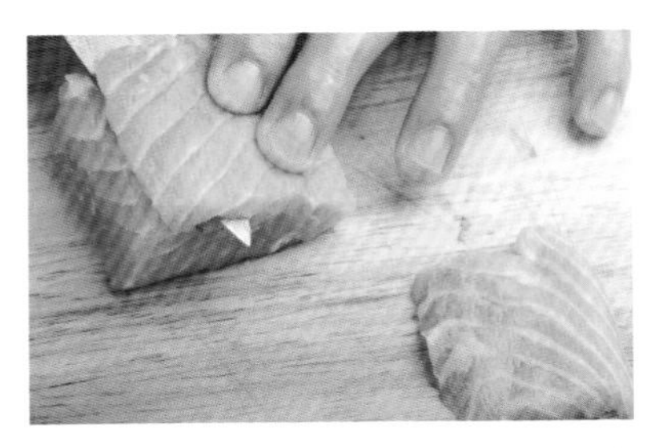

⑥将整理好的三文鱼片成块状。

2. 制作菜式：

块：适用于刺身、香煎。

片：适用于刺身、爆炒。

条：适用于刺身、爆炒。

丁：适用于爆炒、黑胡椒炒。

墨鱼

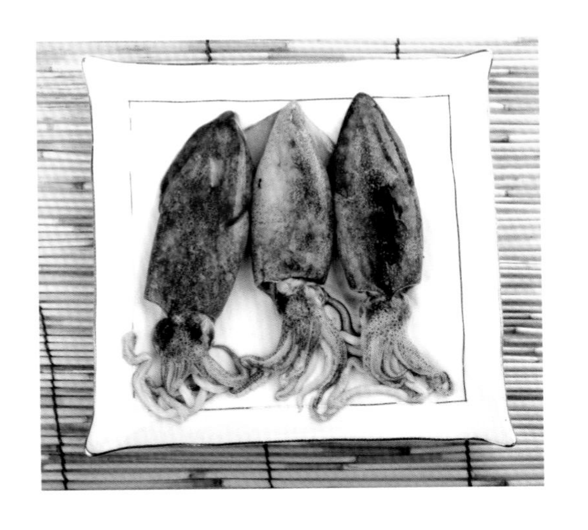

墨鱼又称乌贼，分为头和筒体两部分。鲜墨鱼肉颜色洁白，脆嫩鲜美，最适宜爆、炒，还可以用水焯后炝、拌，脆嫩又爽滑，别具风味。其代表菜肴有：油爆墨鱼花、油爆双穗、汆墨鱼花、芫爆墨鱼片、三鲜墨鱼等。

——代表刀工：墨鱼筒——

1. 操作步骤：

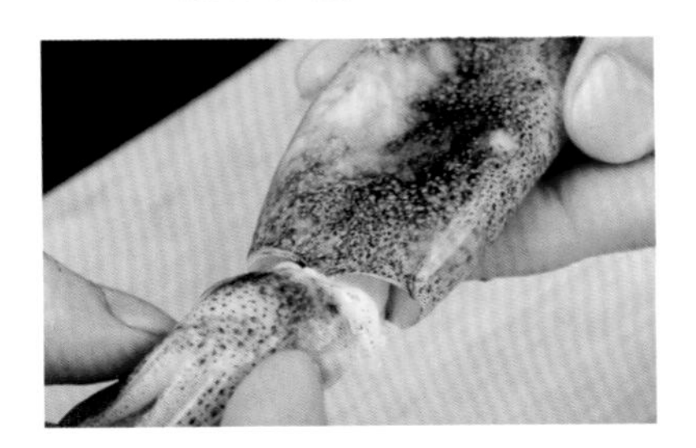

①将墨鱼头拉出。

②拉出身体中的软骨。

③去除墨鱼身体上的外表皮。

④扯去墨鱼胆汁。

⑤将墨鱼筒上端切去。

⑥再将墨鱼筒切成块。

2. 制作菜式：

墨鱼筒：适用于酿墨鱼筒、爆炒。

墨鱼花：适合做成爆炒墨鱼花。

粒：适合做成玉米炒墨鱼粒。

块

1. 操作步骤：

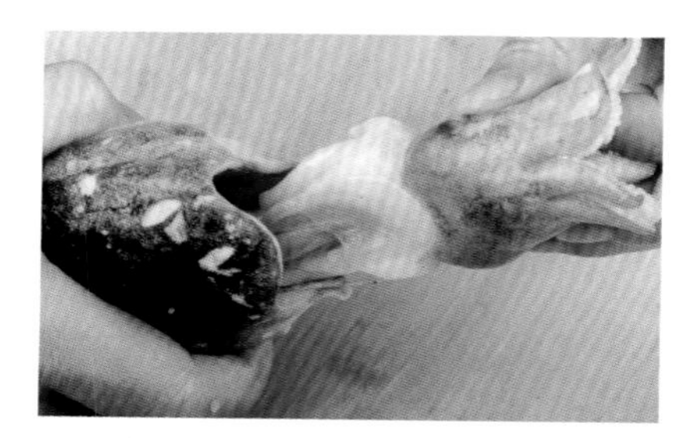

①将墨鱼头及内脏部分拉出。

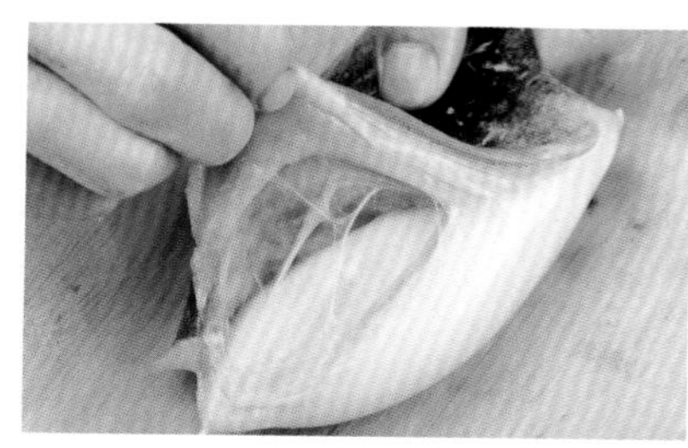

②扯去墨鱼的外表皮。

③取出墨鱼壳。

④剪开腹部并去内脏。

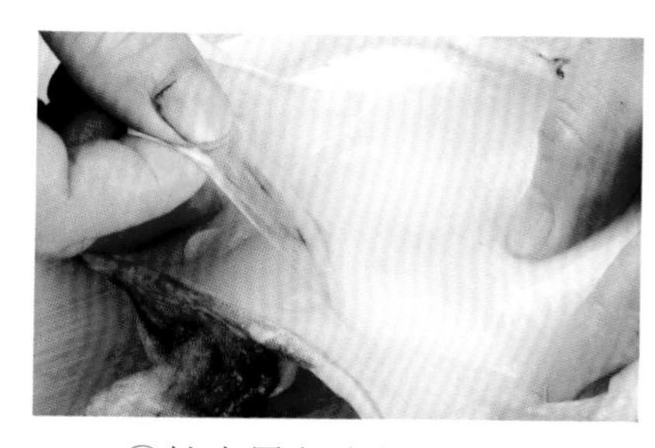

⑤扯去墨鱼头部的外表皮。

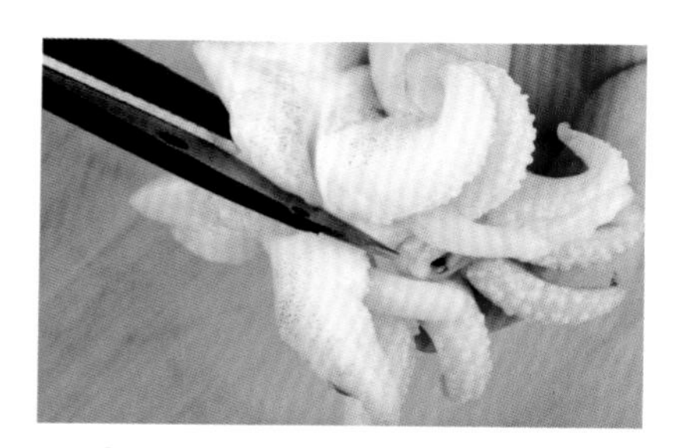

⑥剪开墨鱼头。

⑦剪去墨鱼的眼睛。

⑧扯去墨鱼须的表皮。

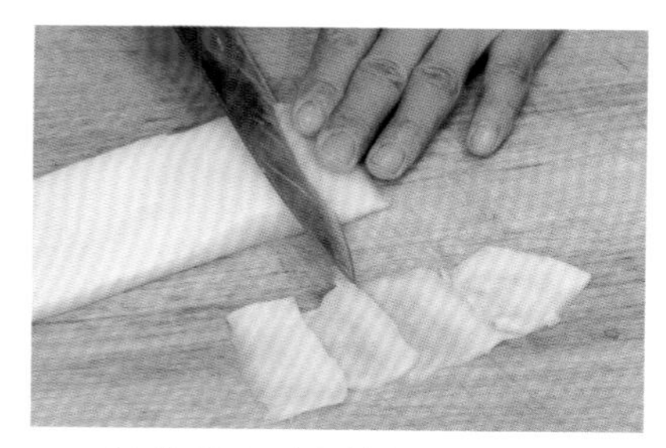

⑨将墨鱼肉用斜刀切为块状。

2. 制作菜式：

块：适合做成锅仔墨鱼煮海参。

片：适合做成西蓝花扒墨鱼片。

条：适合做成芥蓝炒墨鱼条。

丝：适用于爆炒。

菊花刀

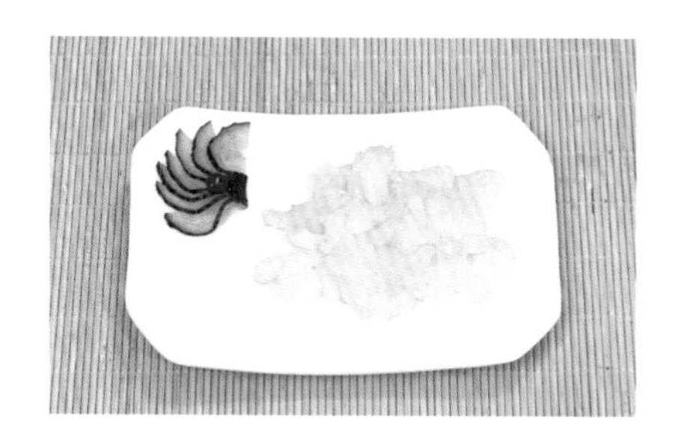

操作步骤：

①先将墨鱼肉斜刀切连刀片。

②再将墨鱼肉用直刀切为连刀状。

墨鱼丸

操作步骤：

①将墨鱼肉剁成泥。

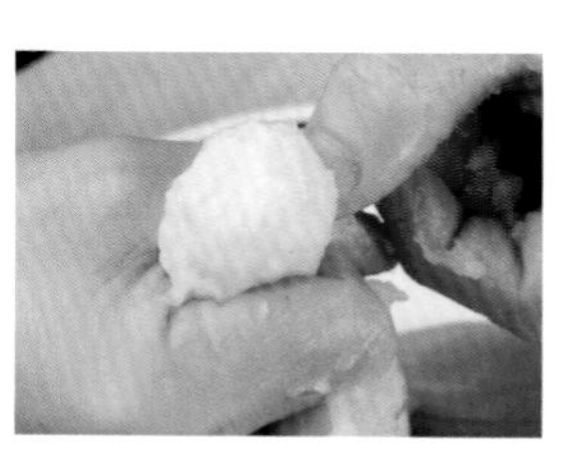

②将墨鱼泥挤成丸子。

③将成形的丸子取出。

墨鱼胶条

1. 操作步骤：

将墨鱼胶用筷子拨成条状后放入冷水中，然后加热成形。

2. 制作菜式：

菊花刀：适合做成姜汁炒墨鱼花。

墨鱼丸：适用于做汤、油炸。

墨鱼胶条：适用于爆炒、做汤。

鱿鱼

鱿鱼也称柔鱼、枪乌贼，营养价值很高，是名贵的海产品。它含有丰富的钙、磷、铁元素，也是含有大量牛黄酸的一种低热量食品。鱿鱼含的多肽和硒等微量元素有抗病毒的作用。

——代表刀工：条——

操作步骤：

①用刀将鱿鱼头切开。

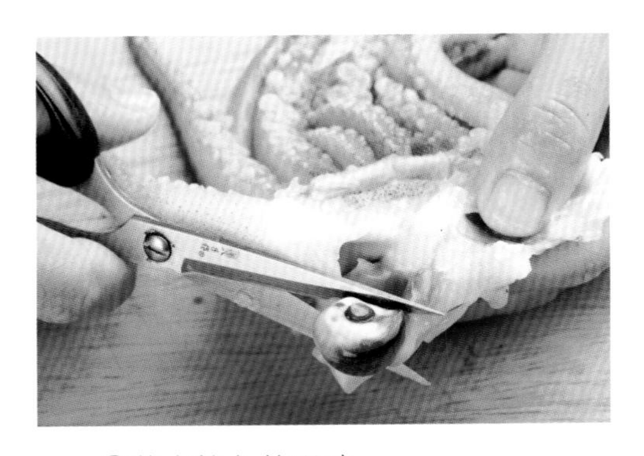

②剪去鱿鱼的眼睛。

③扯去鱿鱼须上的表皮。

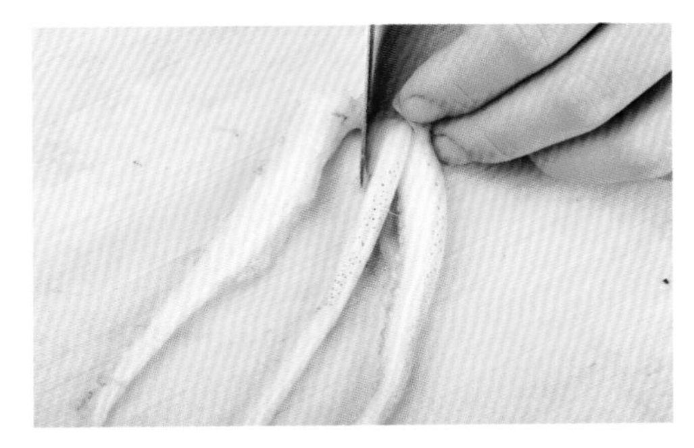

④将鱿鱼须切成长条。

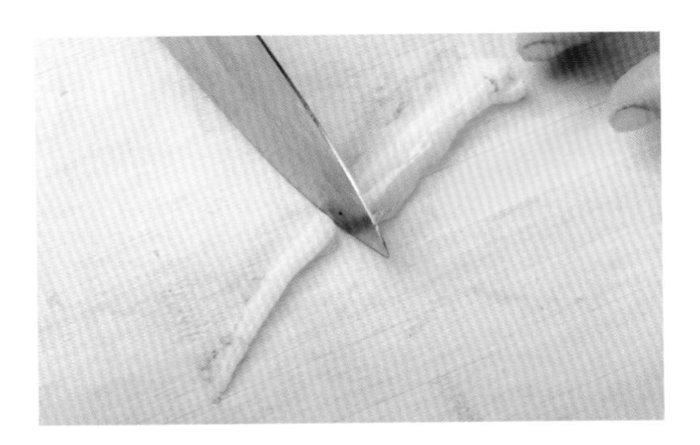

⑤将鱿鱼须切成条状。

⑥将鱿鱼须切成丝。

花刀

1. 操作步骤：

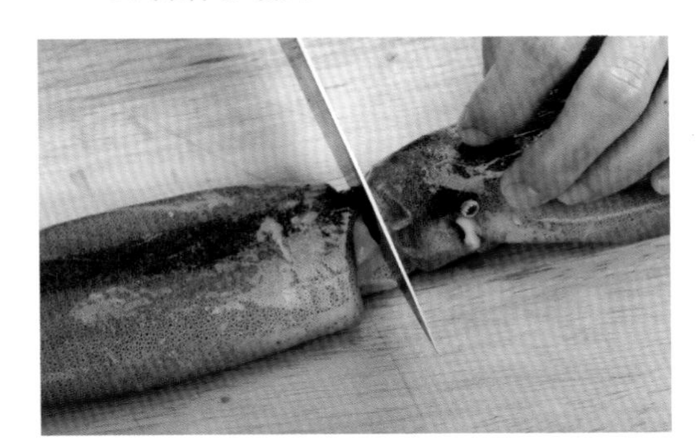

①切去鱿鱼的头部。

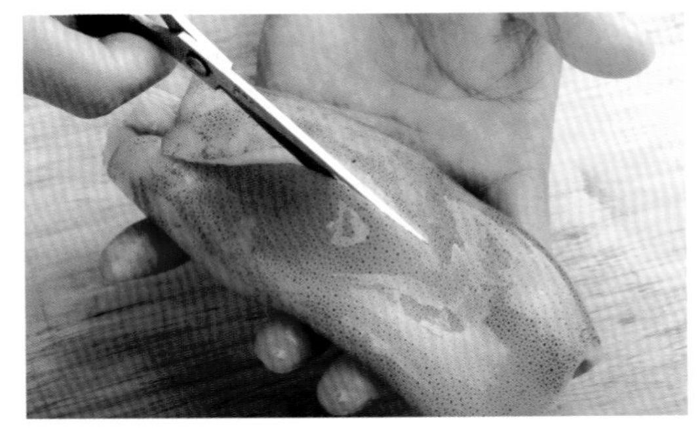

②将鱿鱼筒剪开。

③去除内脏部分。

④将鱿鱼一分为二。

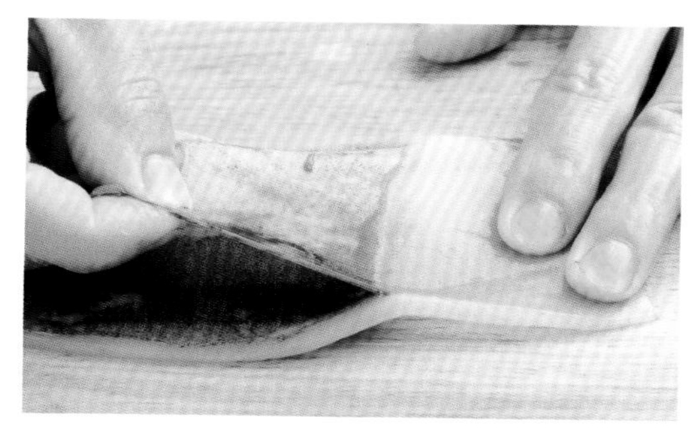

⑤扯去鱿鱼身上的外表皮。

⑥将鱿鱼斜切一字刀。

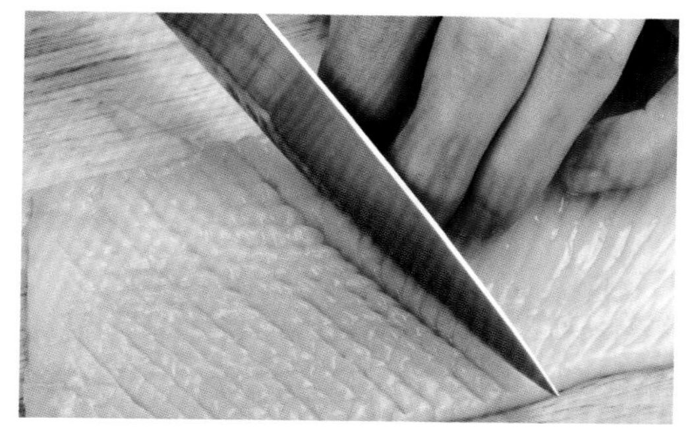

⑦在切的一字刀上再斜切成十字刀。

⑧将切好十字刀的鱿鱼片切成大片。

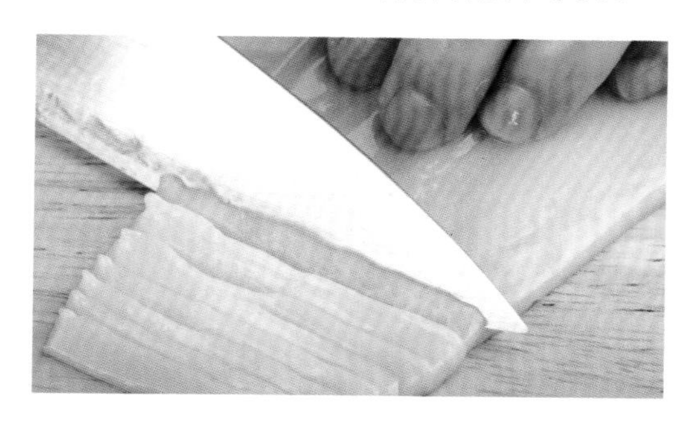

⑨在鱿鱼的内部斜切一字刀。

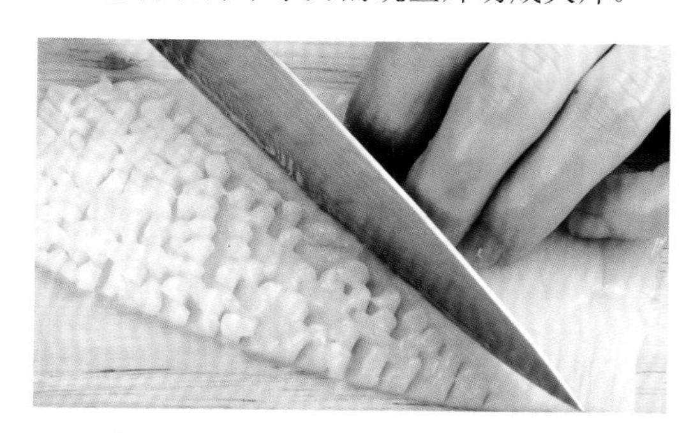

⑩在原一字刀上再斜切十字刀。

⑪将切好花刀的鱼片切成三角片。

2. 制作菜式：

条：适用于爆炒、凉拌。

花刀：适合做成爆炒鱿鱼、爆炒双脆。

片

操作步骤：

①将鱿鱼须切开成条。

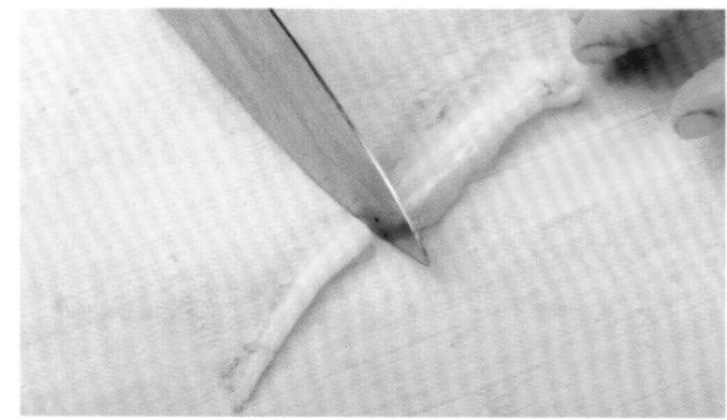

②再将鱿鱼须切成条状。

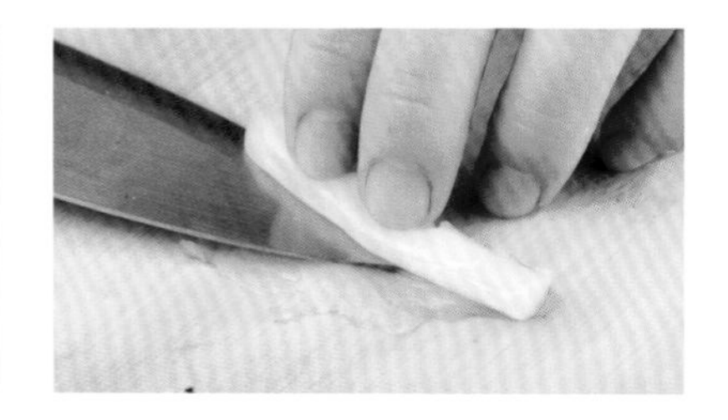

③再将条状切成片。

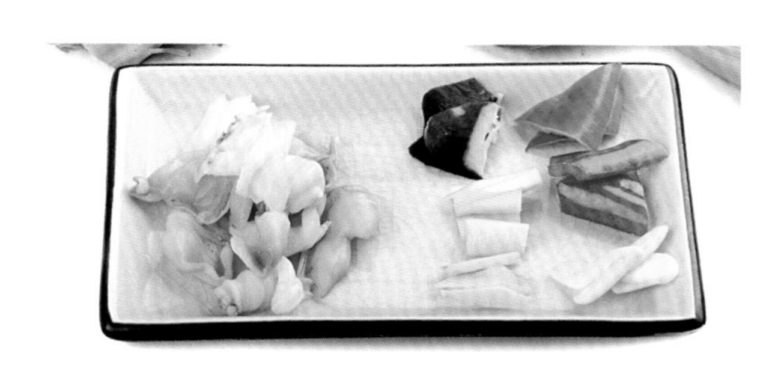

——代表刀工：片——

鱿鱼头

操作步骤：

①片去鱿鱼的尾巴。

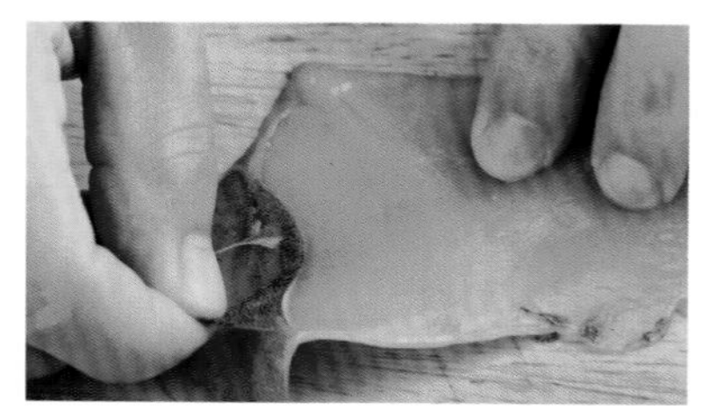

②扯去鱿鱼头上的表皮。

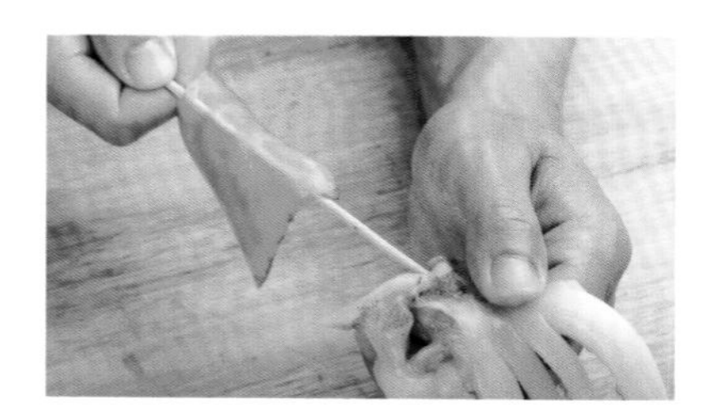

③用竹扦将鱿鱼的头尾串在一起。

鲈鱼

鲈鱼主要分布在中国黄海、东海、渤海等海域和河川下游。鲈鱼是野生鱼类中味道最鲜美的一种，肉质细嫩。用鸡汤煮鲈鱼，汤色奶白，称为鸡汤汆鲈鱼，是上海名菜。鲈鱼还可以采取熘、烩、蒸的方法烹制，也适合作生鱼片或鲜鱼片，夏天的生鱼片，味道之鲜美胜过鲷鱼。

—— —— —— 代表刀工：片 —— —— ——

操作步骤：

①用鱼刷刮净鱼鳞。

②用刀挖去鱼鳃。

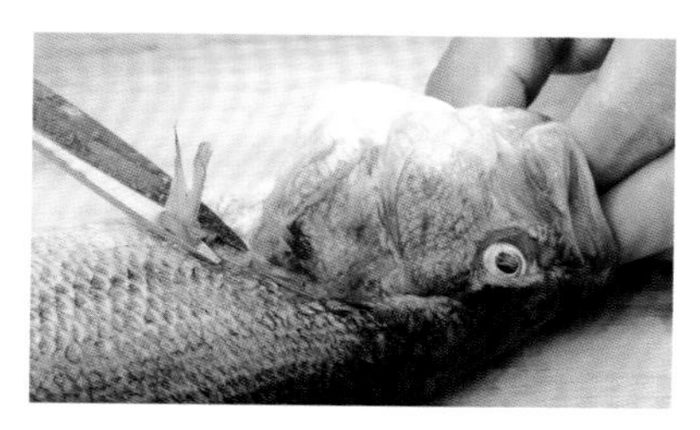

③剪去鱼鳍。

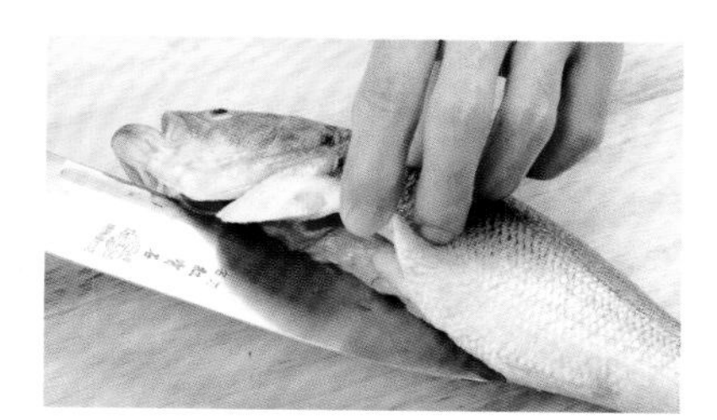

④将鲈鱼开膛。

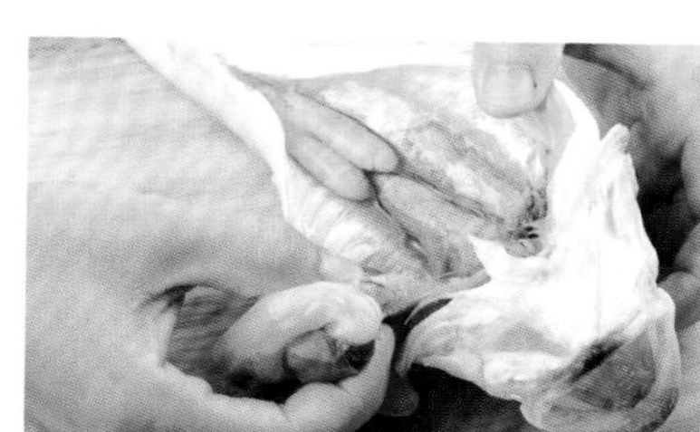

⑤取出内脏部分。

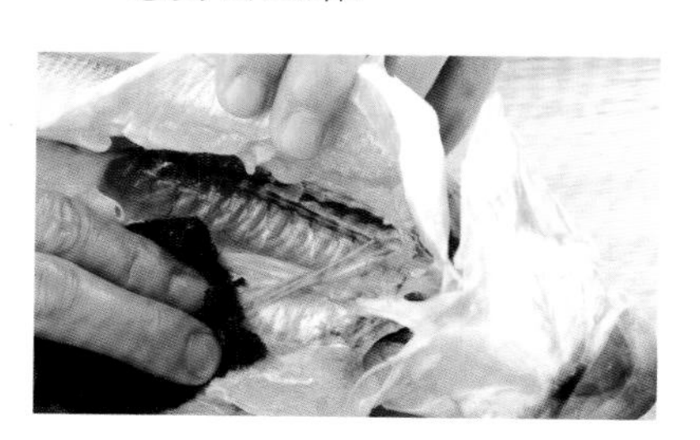

⑥用清洁布清洗内脏黑膜部分。

⑦在鱼鳃后切下鱼头。

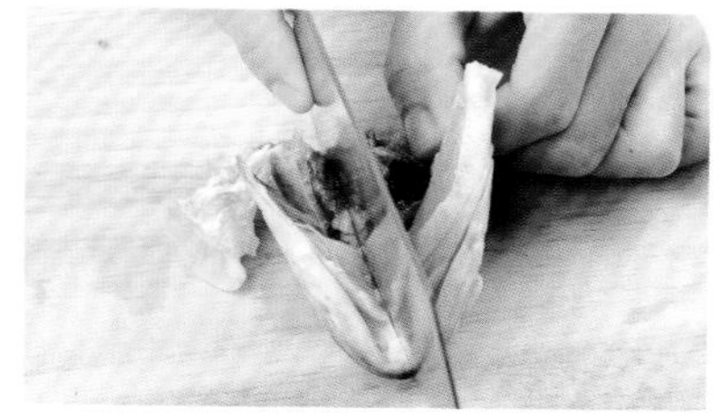

⑧将鱼头从中间斩一刀，但不要斩断。

⑨从脊骨处将鱼肉切开。

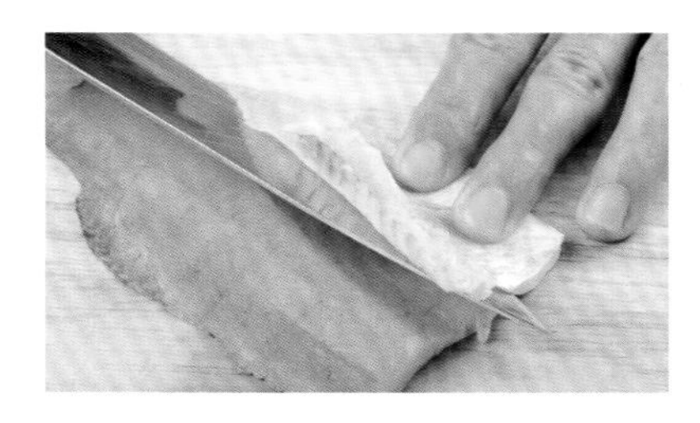

⑩切去鱼排骨部分。

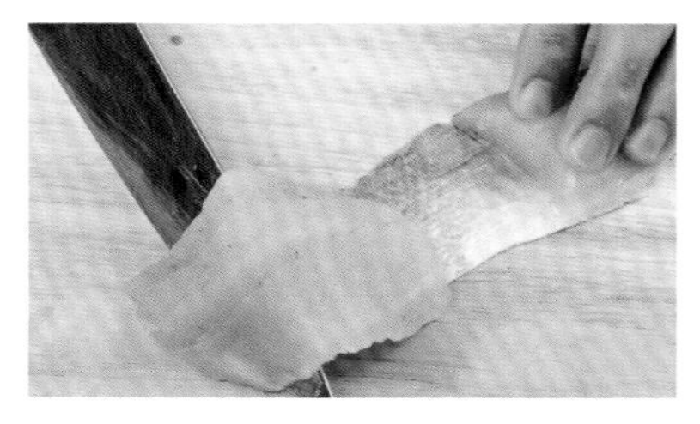

⑪片去鱼皮。

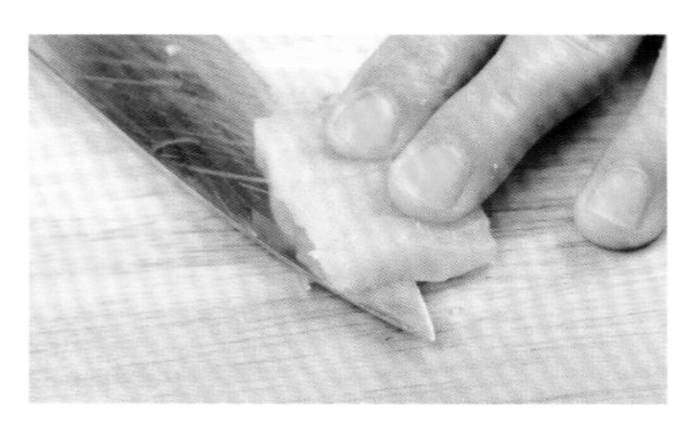

⑫将鱼肉切成厚片。

瓦块

①从脊骨处将鱼肉切开。

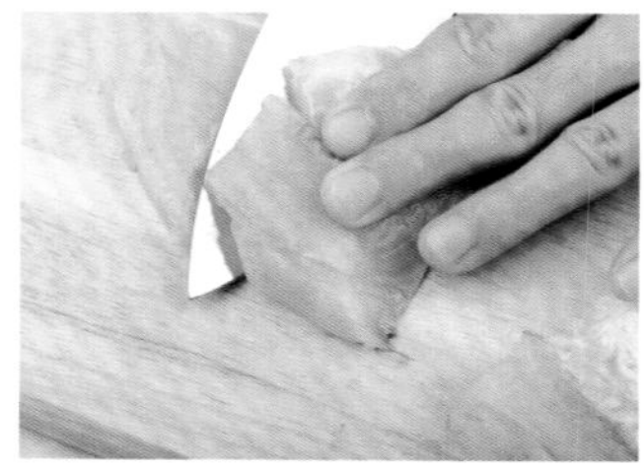

②再将去脊骨的鱼肉斜片成瓦块状。

蝴蝶片

操作步骤：

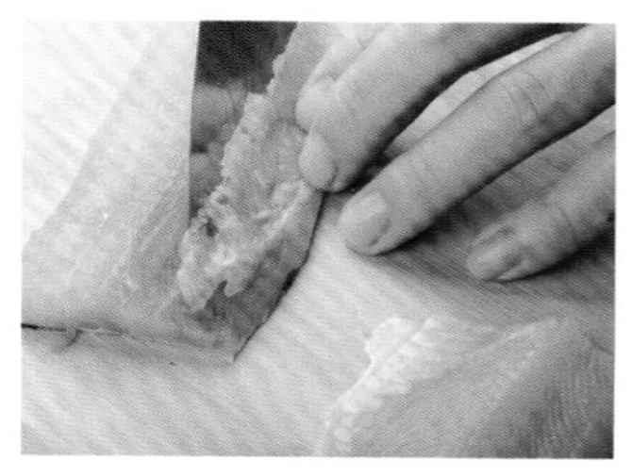

①将鲈鱼片去排骨。

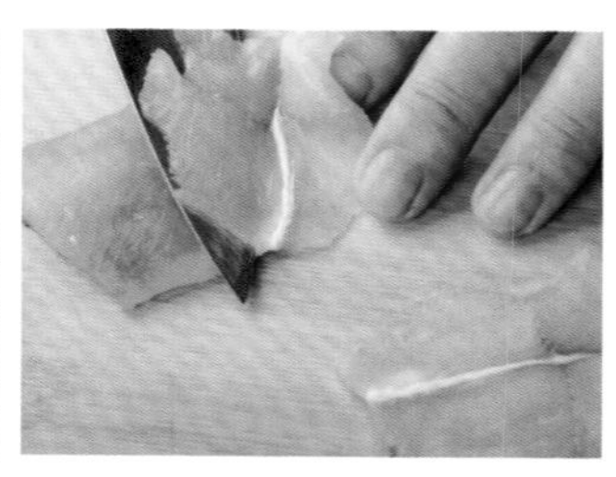

②将带皮的鱼肉片成蝴蝶片。

PART 3 禽畜类刀工技法

No.1 禽畜类食材概述

一、禽类食材的初加工

各种禽类的初加工方法基本相同。对于活禽，要先行宰杀，拔尽羽毛，再剖开胸部洗净；对于光禽，只需剖开胸部再洗净即可。家禽的初加工大致有宰杀、褪毛、开膛、取料、洗涤五个过程。这里重点介绍取料和洗涤两个过程。

1. 取料

（1）腿肉

用刀沿腿腋割开皮肉，用刀跟紧贴在臀部骨的顶端割破筋膜，使骨头露出，再将腿弯处骱骨的筋割断，用刀跟按住禽身，拉扯腿将其卸下。然后用同样的方法卸下另一只腿。剔大腿骨时要将腿肉切开，露出骨头，在膝盖处将骨折断，即可拉出。腿肉的肉质较厚、较老，适宜于切丁、斩块，不宜切片、切丝或剁蓉。

（2）脯肉

将两只腿卸下后，再从颈部三叉骨起刀，沿着胸骨突起处一直深划至尾部，在两个翅膀与禽身骱骨处各划一刀，将筋割断，然后头朝外，将颈固定在砧板上，抓住翅膀向后拉，半边的胸脯肉就离开脊椎骨和胸骨。再用同样方法卸下另一边胸脯肉，接着用斜刀法去皮。胸脯肉很嫩，宜于切片、切丝等。卸下胸脯肉后，在贴紧禽身胸骨突出处有两条里脊肉，可用刀将连在骨上的筋划断，将肉取下。此肉肉质最嫩，适宜切片、剁蓉。

（3）翅膀

翅膀一般都与胸脯肉同时卸下，需用刀割离，可作红烧、卤味、清炖等。

（4）背脊、爪、颈、头等

背脊部位通常称为鸡壳或鸭壳，肉较少。通过分档拆卸后禽皮均被腿、脯、翼带走，只剩下背脊骨及爪、颈、头等，可根据需要，用刀将其分离。爪可用于炖汤或酱卤；鸡壳或鸭壳与颈、头也可用于煮汤或酱卤等。

2. 洗涤

禽类的内脏，除嗉囊、气管、食道及胆囊外，均可食用。其洗涤方法大致如下：

肫：先剪去前段食肠的部分，然后切开，冲净里面的污物，剥去内壁的黄皮，洗净。

心、肝：开膛时取出心和肝，摘去附着的胆囊，注意不要弄破胆囊，否则易使肝脏染上苦味，难以去除，影响食物的口感。

肠：先除去附在肠上的回肠，接着用剪刀剪开肠，再以明矾、粗盐除去肠壁的污物与黏液，洗净后烫水。烫水时间宜短，否则易变硬，难以食用。

油：母鸡腹中有脂肪油，可以取出洗净，制成明油。

二、禽类的各种刀工成形

禽肉适宜烹调的形状，是通过各种刀法来加工的，而这些形状与烹调有着密切的关系。经过各种刀工处理所形成的形状，有块、片、丝、条、丁、粒、末、蓉、泥、花刀块等。

1. 块

禽肉块一般是用斩和切的方法加工而成。凡是无骨的原料都可以用切的方法，带骨的原料通常用斩的方法。块的形状多种多样，但在禽类上只有长方块或方块。通常最小的块比最大的丁大1倍，约3厘米左右，最大的块则应视烹调方法而定。块运用在禽类上，多数是带骨的禽肉，如果是剔骨的禽肉，单用切或斩的方法，其成品形状是不理想的，所以必须通过混合刀法，使制品达到理想的块形。

2. 片

由于禽肉是韧性原料，用刀进行加工时应采用平刀片的方法。应用这种刀法主要是将原料加工成片的形状，然后在片的基础上，再运用其他刀法加工成丁、粒、丝、条、段或其他几何形状。

禽肉平刀片的刀法要领：

①刀的前端紧贴砧板表面，刀的后端略为提高，以控制所需的厚度。

②左手将原料按稳，但按时用力不能过大，以原料不致移动为度。

③左手按原料时，一般是平放在禽肉上面，食指与中指之间留一点间隙，这样可以用眼睛观察及掌握片的厚薄。禽肉切片，多选用脯肉和里脊肉，在切之前先要进行整理加工，即去皮、剔骨、理去筋膜成净料后，才能加工成形。由于禽类脯肉细嫩，因此在片时必须顺着肌肉纤维丝逐片地片下来，但不可横着切断纤维丝，以免在烹制时断裂。片有大小、厚薄之分，实际操作时按烹调方法而定，如作汆汤用的片要尽量薄一些；作

滑炒用的片，比氽汤片可以稍厚一些，但不能太厚，一般在 0.2 厘米左右为好；作熘或煨的用片，可以更厚一些，因后两种加热方法的加热时间较长，如果太薄则容易变韧或碎裂。片的形状多种多样，如氽汤用片，可片长方片，在切片时先将肉切成所要求的长度和宽度的块再作平刀片，即成长方片；作滑炒用片，应持 45 度角的斜刀顺着纤维丝斜批，批下的片即为柳叶片。

3. 丝、条

丝与条的形状相同，只有长短、粗细之分，丝的常用长度为 5 ～ 6 厘米，条的常用长度为 4 ～ 5 厘米。禽类最细的丝约为 0.1 厘米左右，与火柴梗的粗细相仿；最粗的丝为 0.2 厘米左右，与绿豆芽的粗细相仿；最细的条为 0.3 厘米，与筷子的粗细相仿，通常称之为“手指条”。

切丝用料一般为禽类的脯肉或里脊肉，切条用料一般用禽腿部位。

禽肉丝和条的加工成形，是把禽肉片再切成丝或条，丝、条的粗细取决于片的厚薄，长短决定于片的大小。切时可将片排成瓦楞形，最多堆叠 3 层，以两层效果最好，因为这样切时原料不会移动。切条时不能堆叠，只能一片片地切。

禽肉切丝和条时要注意以下几点：

①加工时要注意厚薄均匀，切丝时要切得长短一致、粗细均匀。

②原料加工成片后不论采取哪种排列方法，都要排叠得整齐，且不能叠太多层次。

③左手要把肉片按稳，切时才不会滑动，切出来的丝、条才能宽窄一致。

④加工时要根据原料的性质来决定顺丝切、横丝切或斜丝切。

4. 丁、粒、末

禽肉丁、粒、末实际上是大小不同的方形块，它们都是由条或丝切成的，所以它们的大小决定于条与丝的粗细，粗条切大丁，细条切小丁，但最大的丁不超过 1.5 厘米，最小的丁不小于 0.8 厘米。禽肉最大的粒由筷子般的梗条切成，大小与赤豆相仿；小的粒是由粗丝加工而成，与大米相仿，一般就称为米粒。小于米粒的称为末，末由最细的丝加工而成。这种刀工成形的禽肉都是采用熟料切成的，撒在菜肴表面作点缀、衬色、添味等用。

5. 蓉、泥

蓉和泥是没有区别的，只是取料的不同。用动物料加工成的称“蓉”，用植物料加工成的称“泥”。如动物料中的鸡蓉、鱼蓉、虾蓉等，植物料中的土豆泥、胡萝卜泥、枣泥等。

禽肉蓉的加工方法，是先将脯肉和里脊肉去骨、去皮和筋膜，再用刀背把肉捶烂，然后用刀轻轻剁成。蓉的粗细以越细越好，检查的方法是以用拇指和食指蘸起蓉泥，指面上看不到颗粒为度。

6. 花刀块

花刀块，是运用刀工美化禽肉，使其受热后卷缩成形，这通常是使用混合刀法加工而成的。混合刀法，就是将直刀法和斜刀法混合使用的一种刀法，也称为“剞”或“花刀”，即不将禽肉切断或片断，而只是在禽肉表面划一些有一定深度的刀纹，一般为原料厚度的 1/3 ～ 3/4。

剞的作用，一是可使原料卷曲成各种形状；二是使调味汁易于渗入原料内部；三是使原料易熟，且保持菜肴脆嫩。剞主要用于韧中带脆的原料，如禽类中的肫和脯肉。例如，将鸭肫去内筋皮，在肫上剞十字花纹，刀深为 4/5，经受热后卷缩成菊花形，即成菊花肫。把鸡脯肉先片成 0.6 厘米厚的大片，在片面上剞十字刀纹，改切成 2.5 厘米宽的条，然后再改成等边宽的三角块，加热后就会卷曲成荔枝形状，又称鸡球。又如鸡肫，先片去内外筋皮，在肫面上 45 度角用直刀法切出刀纹，刀深为 2/3，然后将鸡肫翻面，用同样的角度、刀法、深度切一遍，即称兰花肫，其刀法称兰花刀。

No.2 禽类刀工技法实例

整鸡脱骨

操作步骤：

①将宰杀好的仔鸡清洗干净。

②从鸡脖子上部切开一道小口。

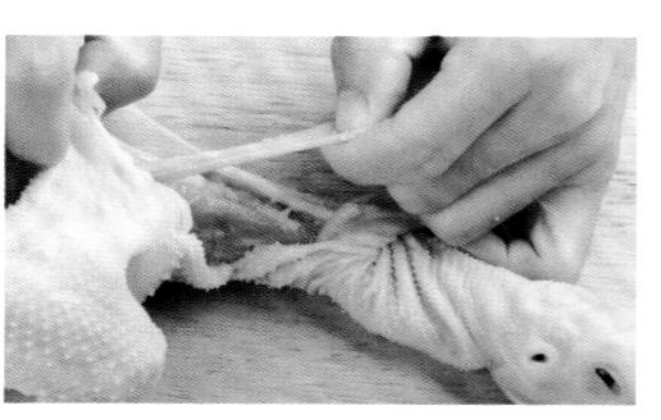

③去除鸡的食道管。

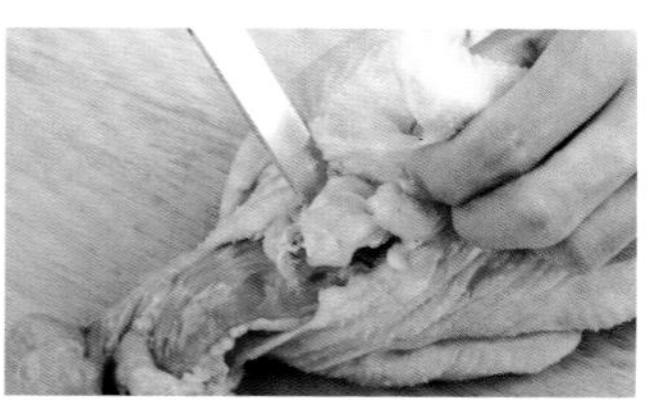

④切断鸡翅骨。

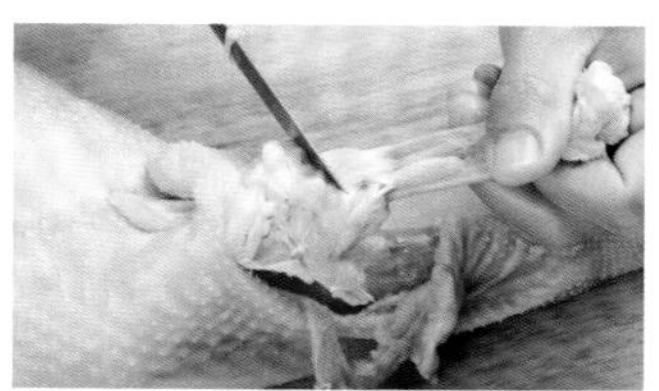

⑤取鸡翅骨。

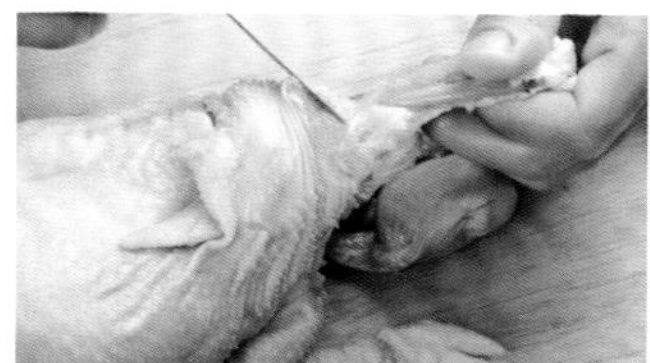

⑥将鸡翅骨与肉分离。

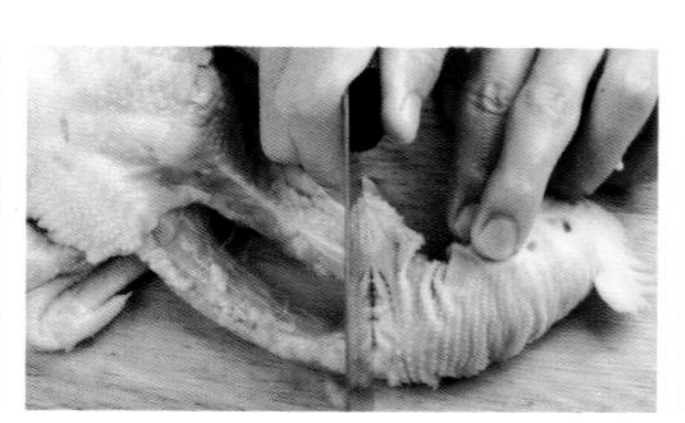

⑦将鸡脖子切断。

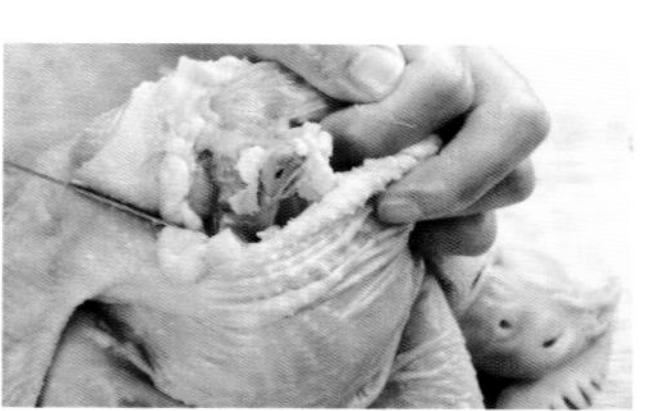

⑧用刀斩断鸡肋骨。

⑨用小刀将肋骨与肉分离。

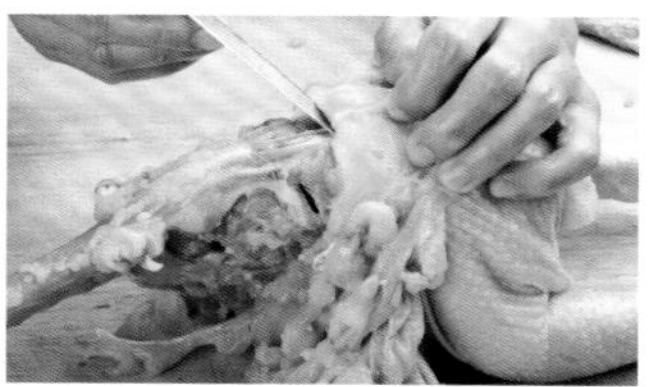

⑩将鸡背的骨与肉分离。

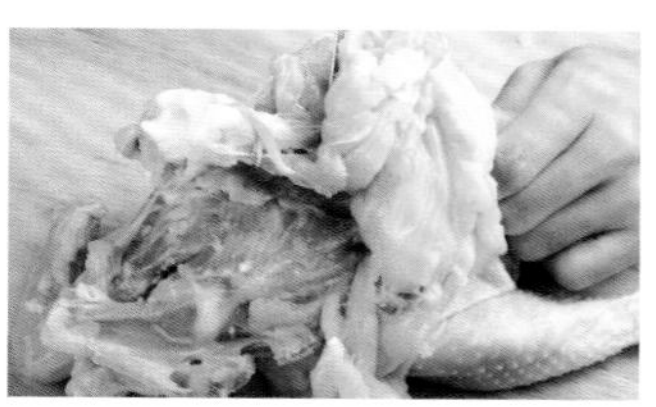

⑪将鸡腿骨与肉分离。

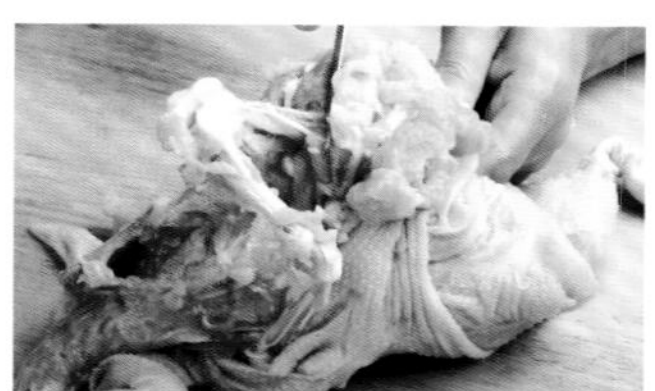

⑫去除腿骨。

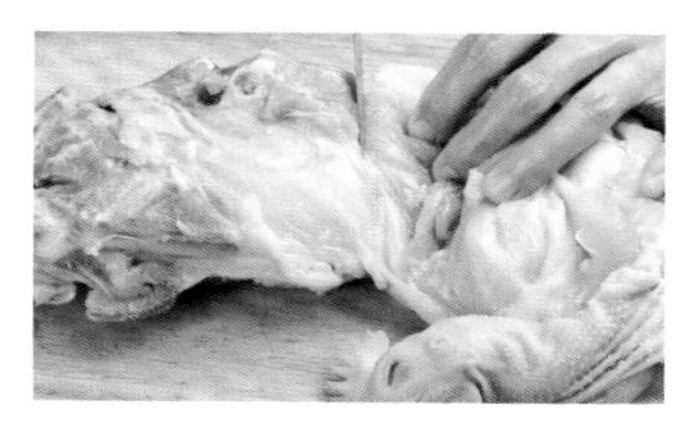

⑬将鸡身中的骨与肉分离。

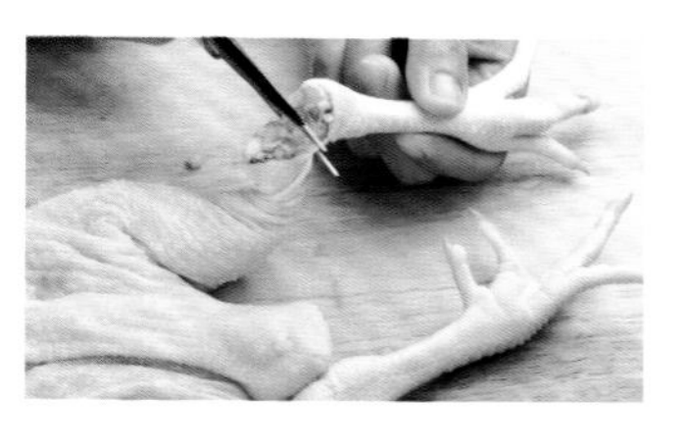

⑭用剪刀剪去鸡爪。

整鸡分割

操作步骤：

①取一只宰杀好的仔鸡，去除鸡头。

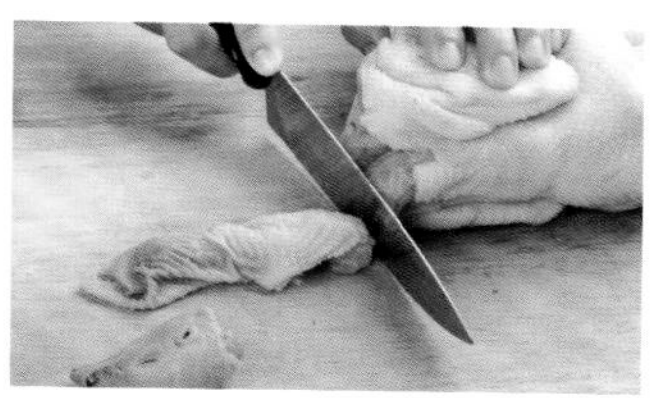

②切去鸡颈。

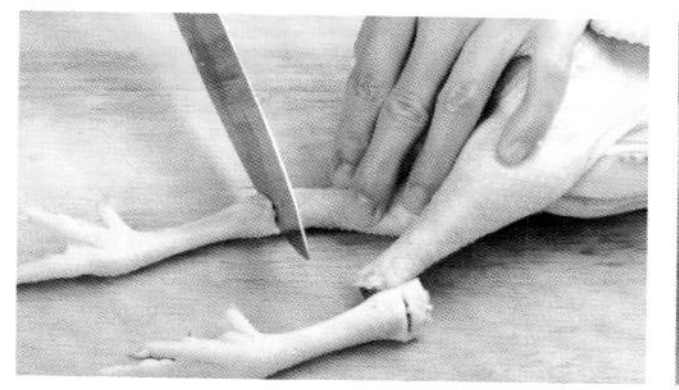

③切去鸡爪。

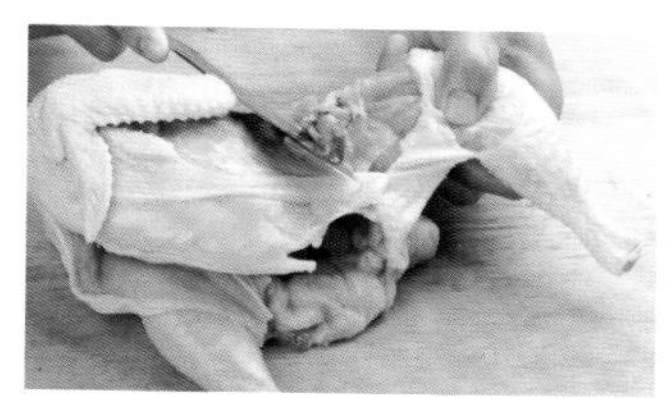

④将鸡腿部分去除。

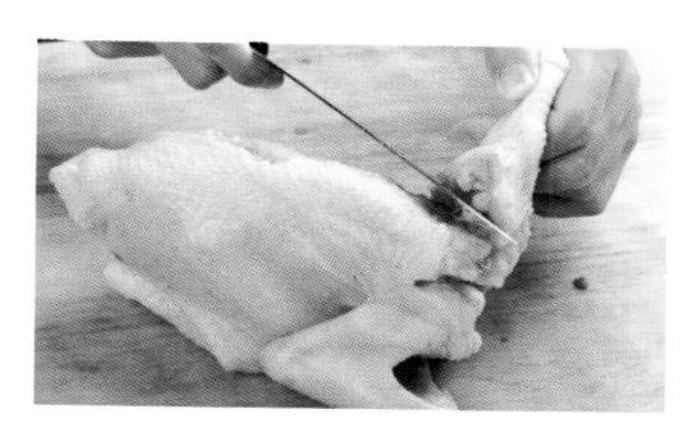

⑤将鸡翅膀部分去除。

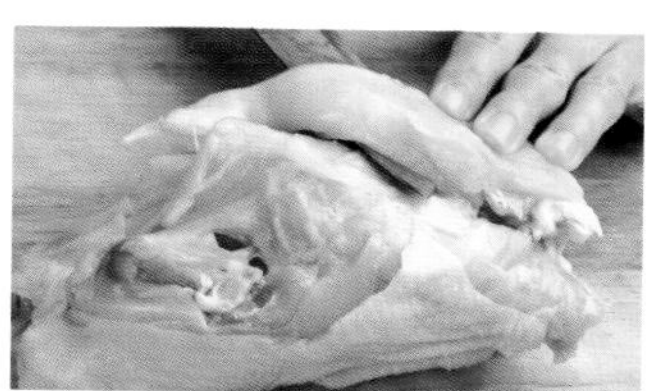

⑥取出鸡脯肉。

斩鸡块（熟）

操作步骤：

①将熟鸡斩出头部。

②将鸡头切成形。

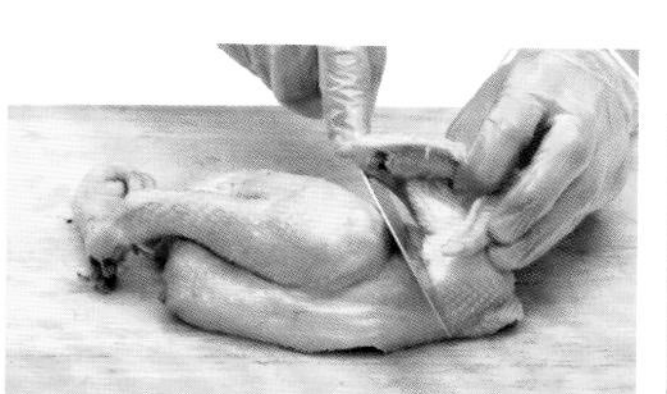

③切下鸡翅膀。

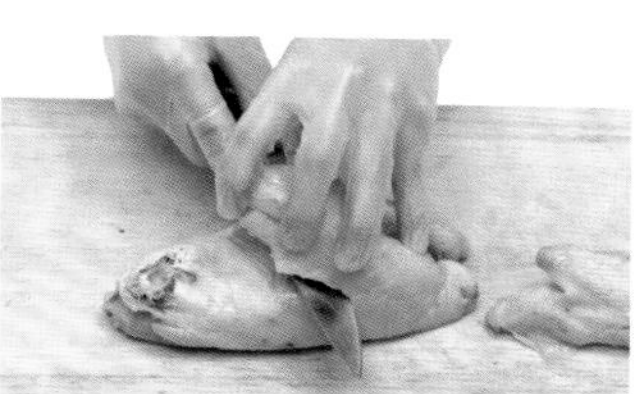

④切出鸡腿。

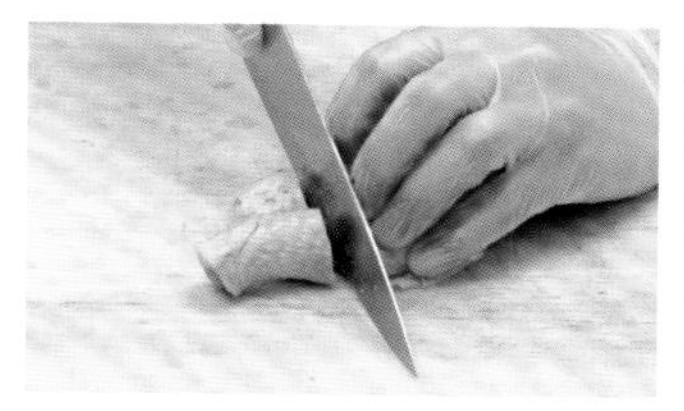

⑤将鸡腿斩成块。

⑥将鸡翅膀斩块。

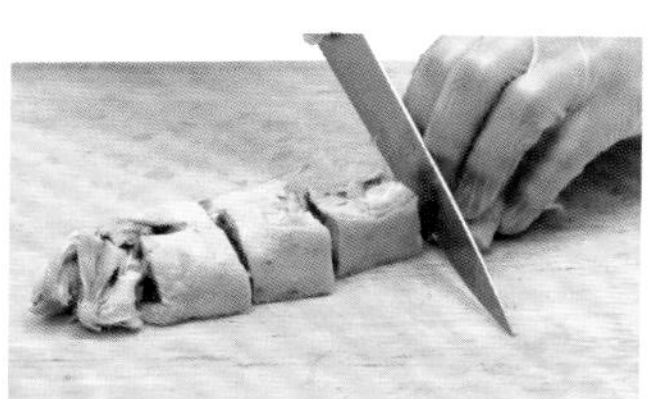

⑦再将鸡骨斩成块状。

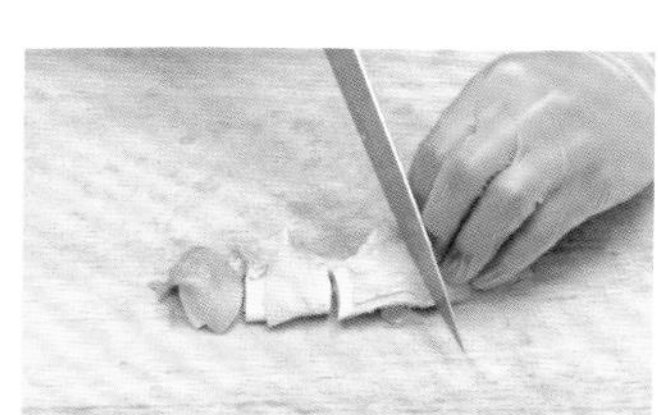

⑧将鸡胸肉斩成形。

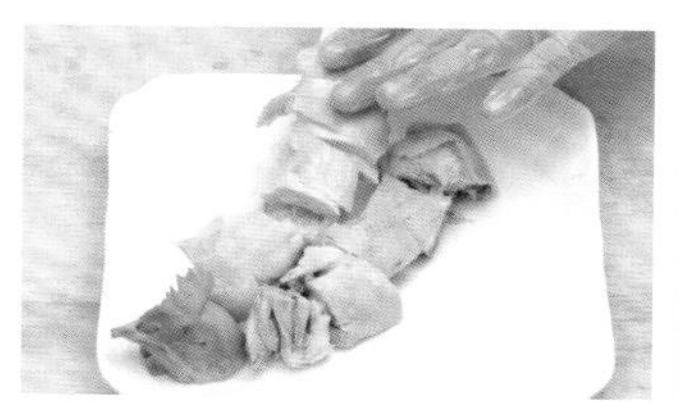

⑨将斩成块的鸡装盘摆形。

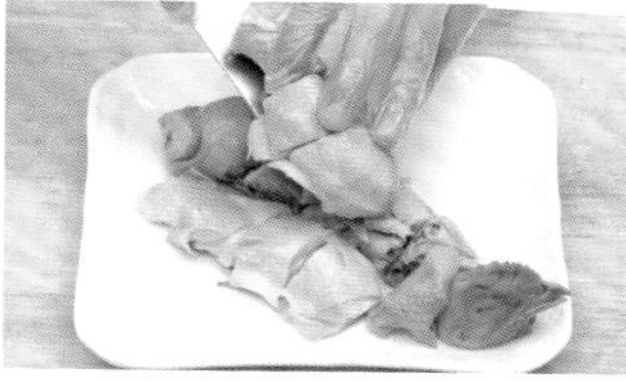

⑩将斩成形的鸡腿摆正。

⑪再将鸡翅膀摆好。

鸡翅

一般处理

操作步骤：

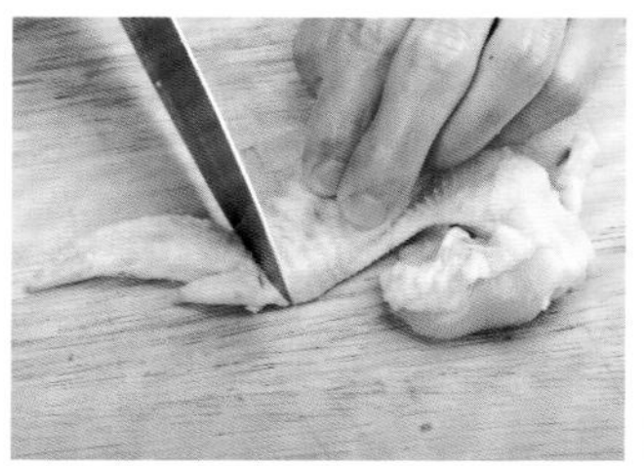

①用刀将鸡翅的鸡尖切掉。

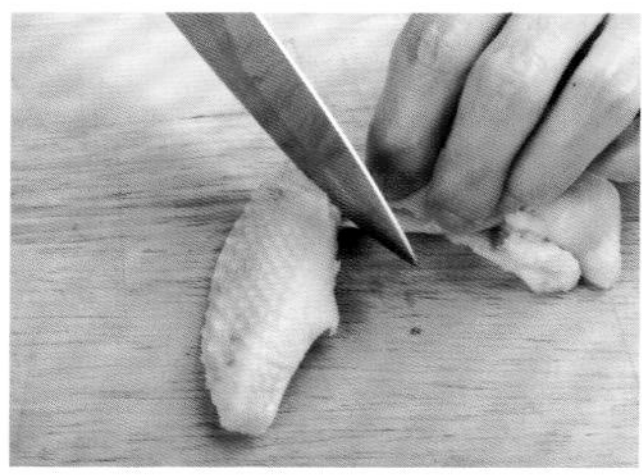

②留出鸡翅的中部——鸡中翅。

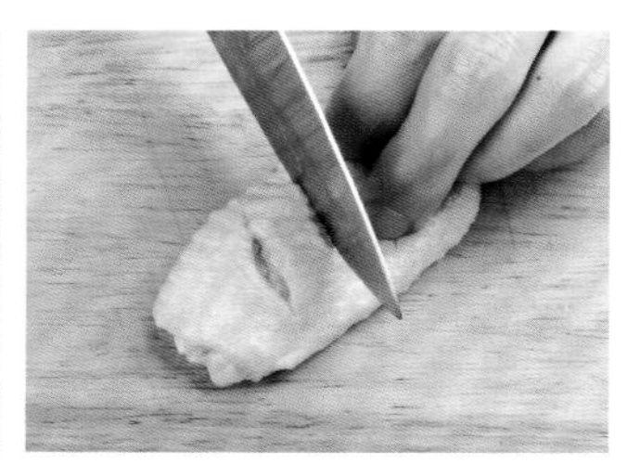

③在鸡中翅的正面开出斜刀。

脱骨翅

1. 操作步骤：

①顺着鸡骨切断鸡筋。

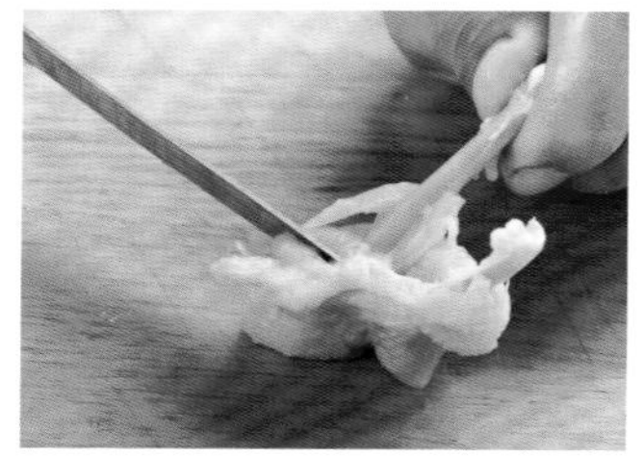

②取出鸡骨。

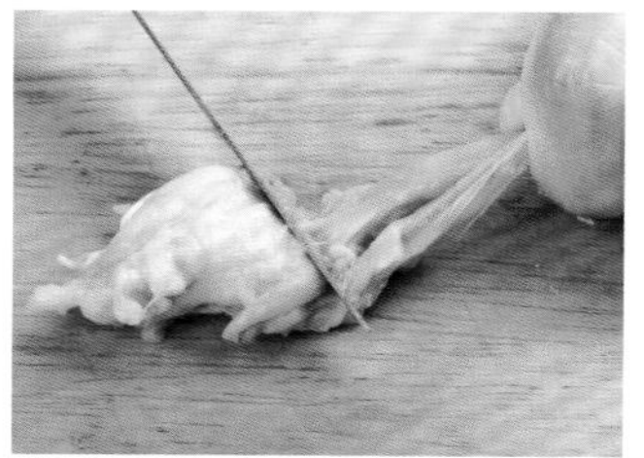

③将肉与骨分离。

④在鸡翅中间插上菜心。

2. 制作菜式：

酥炸鸡中翅

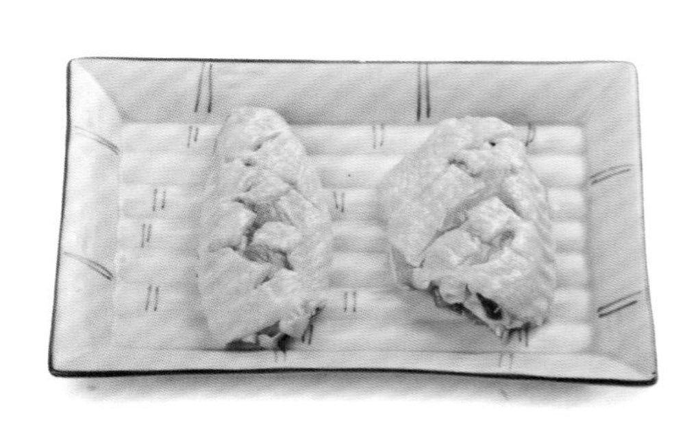

鸡肫

片

1. 操作步骤：

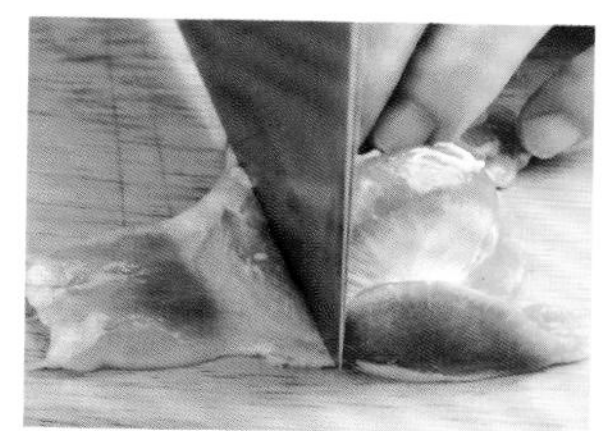

①切出鸡肫油层部分。

②将鸡肫切成薄片。

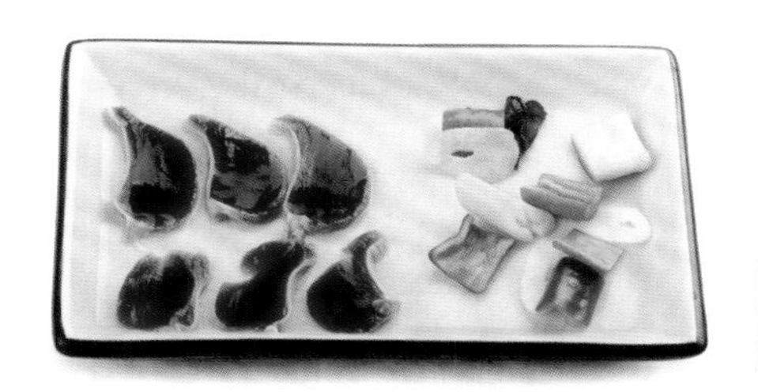

2. 制作菜式：

滑炒鸡肫片

菊花形

2. 制作菜式：

西蓝花炒肫球

1. 操作步骤：

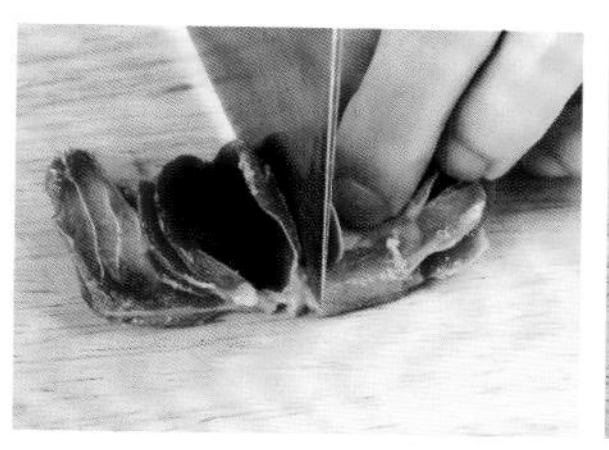

①将鸡肫切成连刀薄片。

②再切成菊花状。

丁

1. 操作步骤：

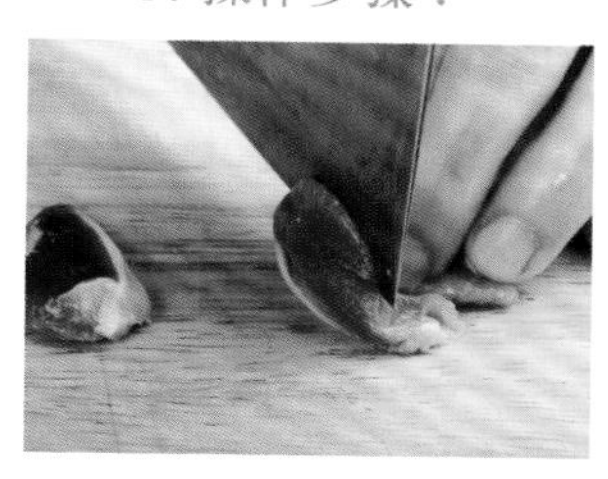

①把鸡肫的白皮切去。

②将鸡肫切成条状。

③再将鸡肫切成丁状。

2. 制作菜式：

爆炒鸡肫丁

鸡腿

脱骨

1. 操作步骤：

①取一个鸡腿从中间开一刀。

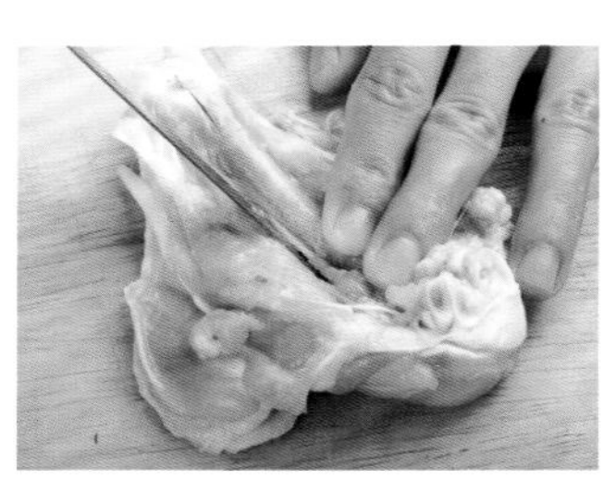

②切开鸡骨两边的肉。

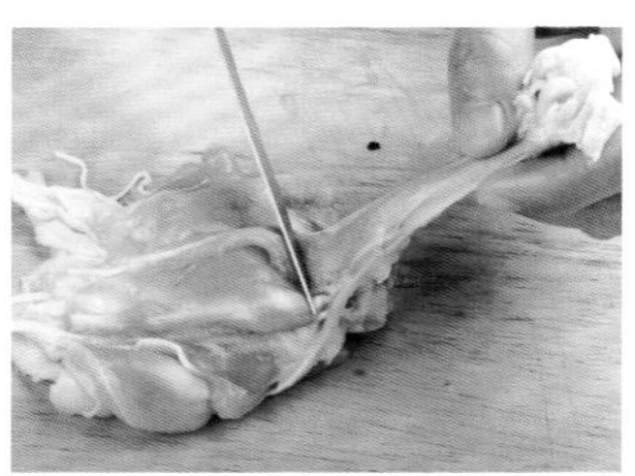

③用刀将骨与肉切开。

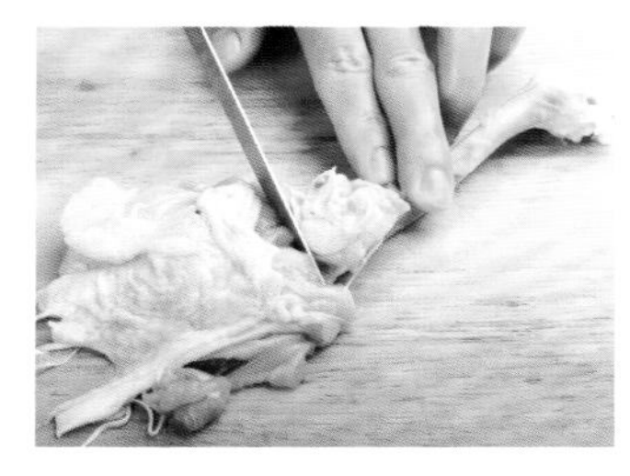

④用刀切断肉与骨之间的筋。

2. 制作菜式：

香煎鸡扒

丁

1. 操作步骤：

①用刀背将脱骨腿肉捶打至软。

②再切成条状。

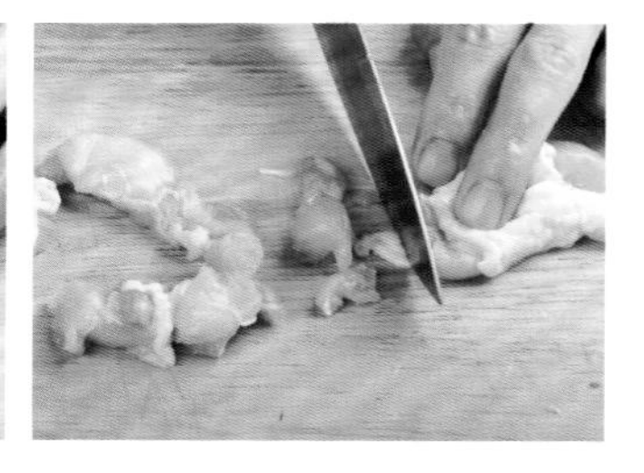

③最后把鸡条改切成丁状。

2. 制作菜式：

麻辣鸡丁

鸡爪

一般处理

1. 操作步骤：

用剪刀剪去鸡脚趾尖的硬角。

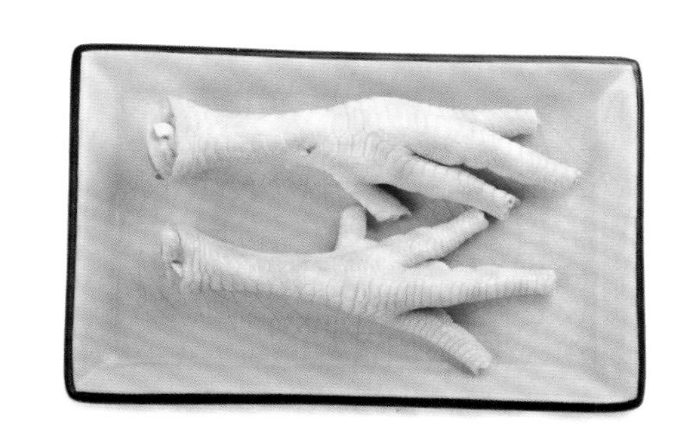

2. 制作菜式：
花生煲鸡爪

脱骨鸡爪

操作步骤：

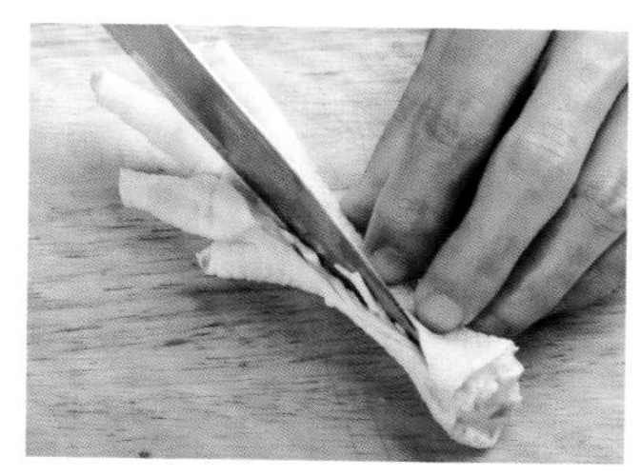

①在鸡脚中部开一刀。

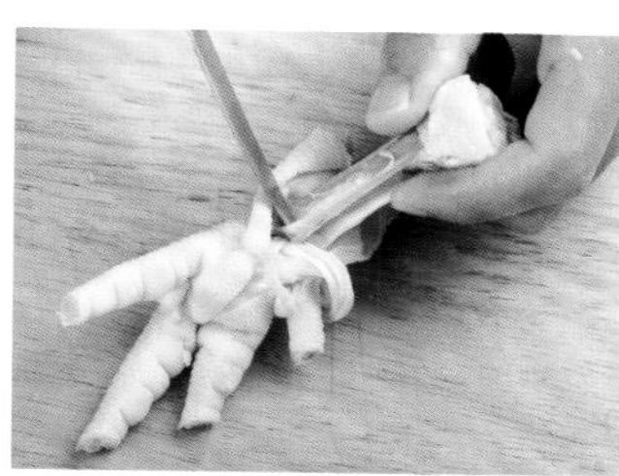

②顺着鸡骨慢慢取出骨。

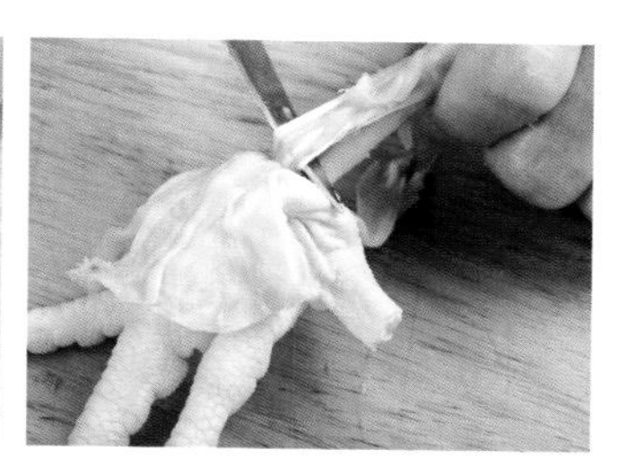

③切开鸡脚筋。

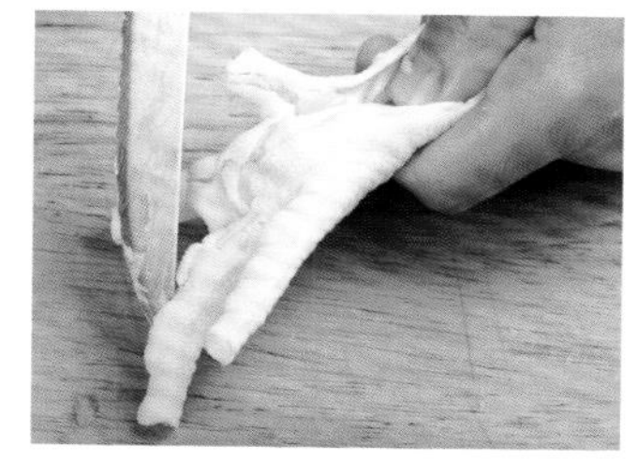

④在鸡脚的中部用刀开一刀。

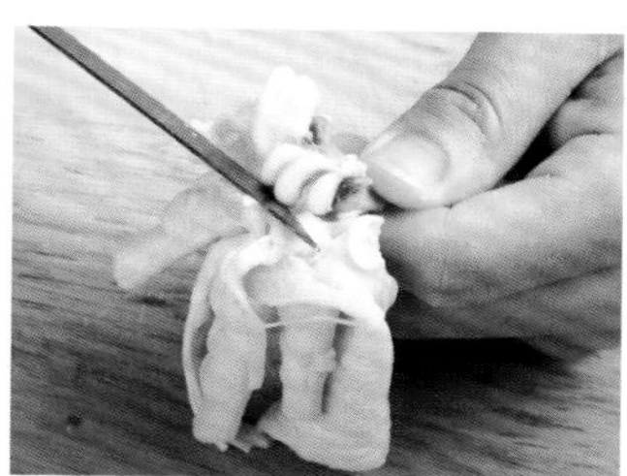

⑤取鸡脚大骨。

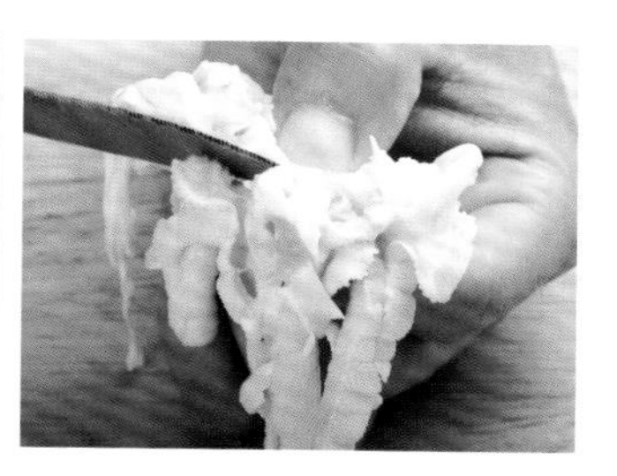

⑥切开关节之间的筋。

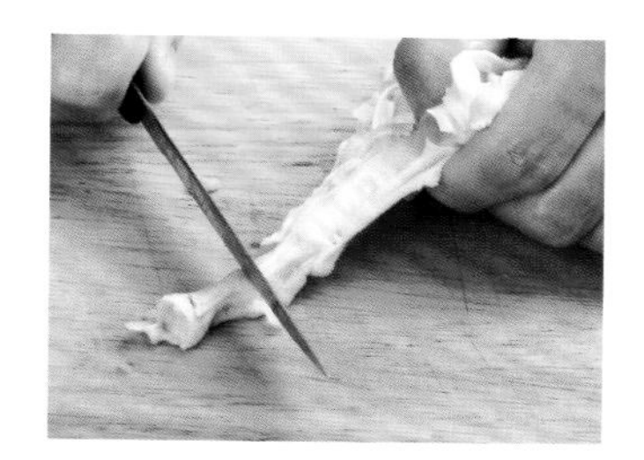

⑦取出鸡脚骨。

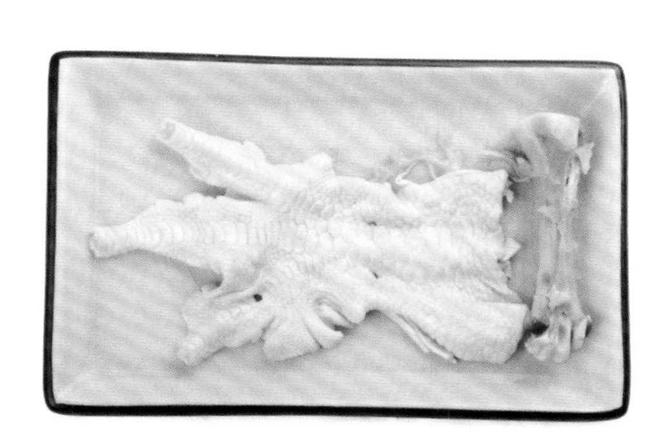

整鸭分割

操作步骤：

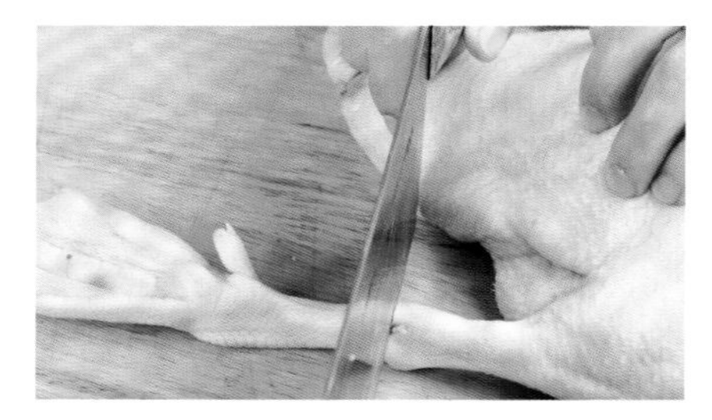

①将宰杀好的鸭子洗干净，将鸭脚取出。

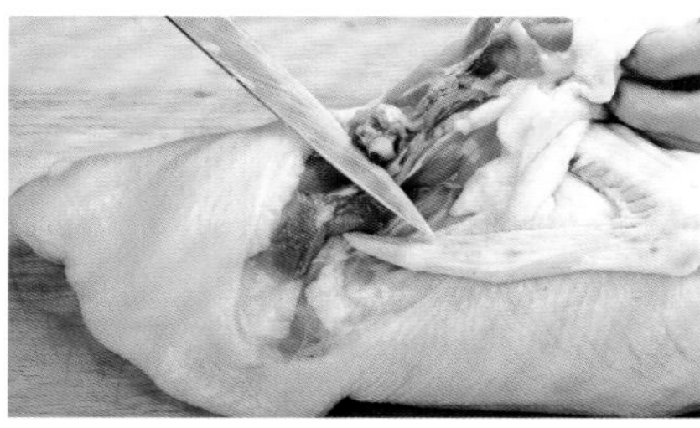

②将鸭腿取出。

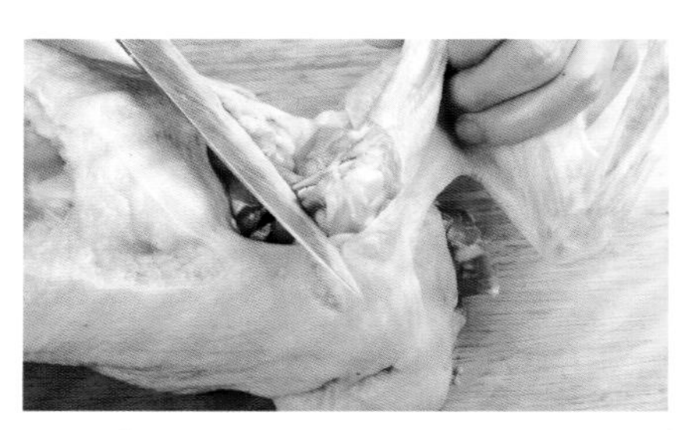

③将鸭翅取出。

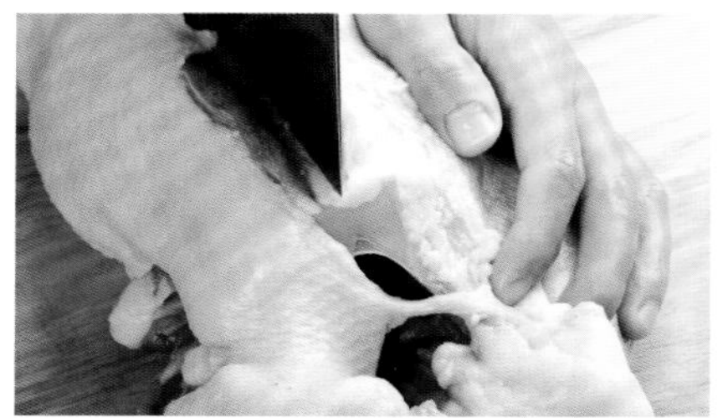

④从脯部开一刀。

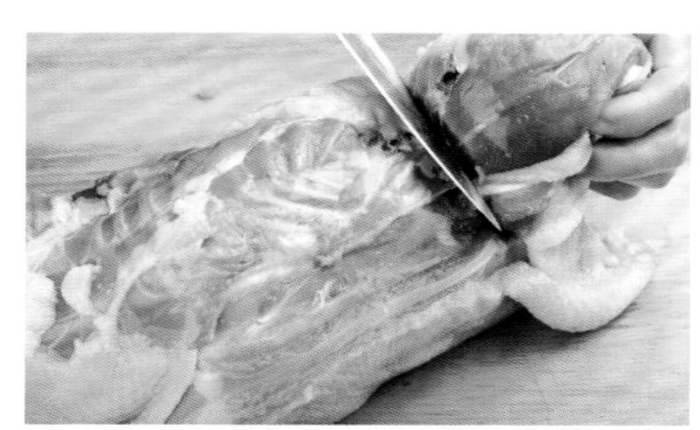

⑤将鸭脯肉切出。

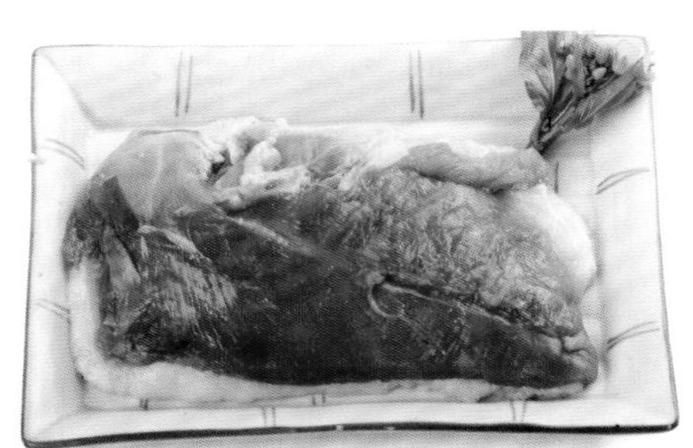

整鸭脱骨

操作步骤：

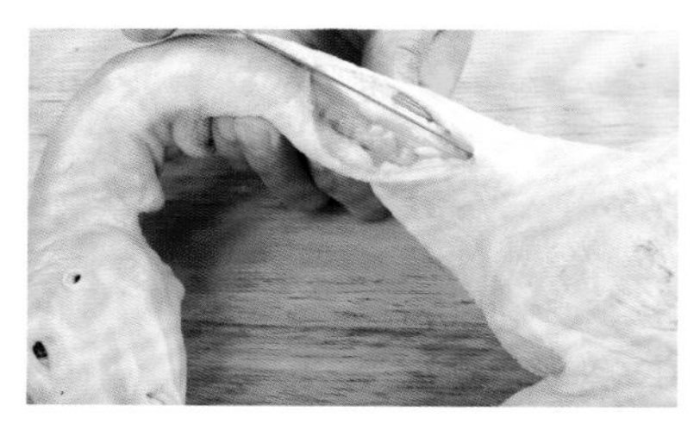

①将宰杀好的鸭子洗干净，将鸭脖表皮切开。

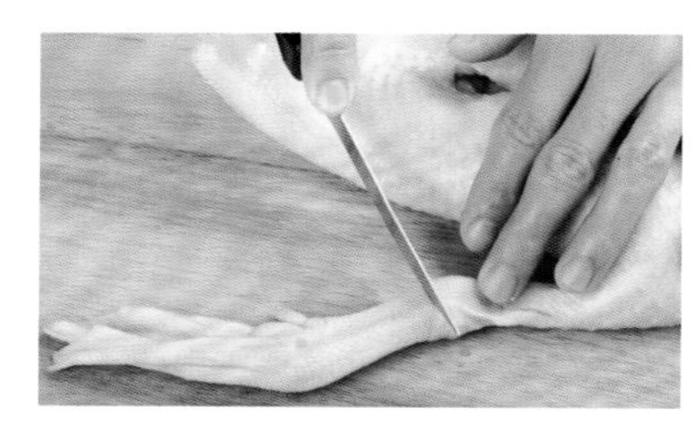

②将鸭脚取出。

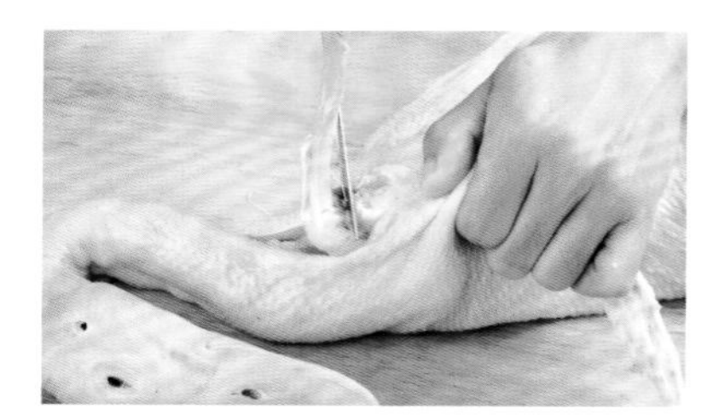

③将鸭翅骨取出。

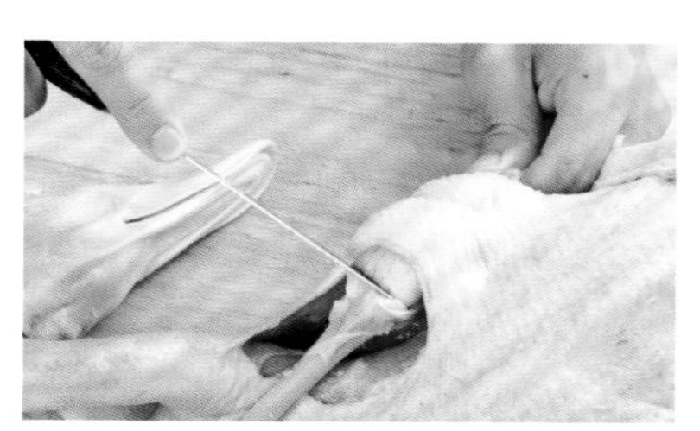

④将鸭翅骨切断。

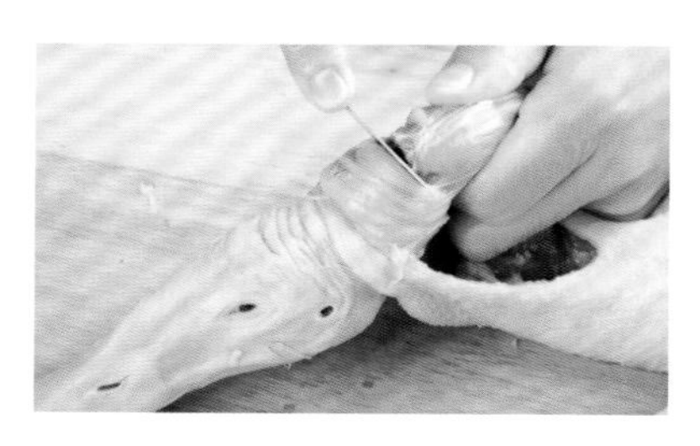

⑤将鸭脖与头部连结处切断。

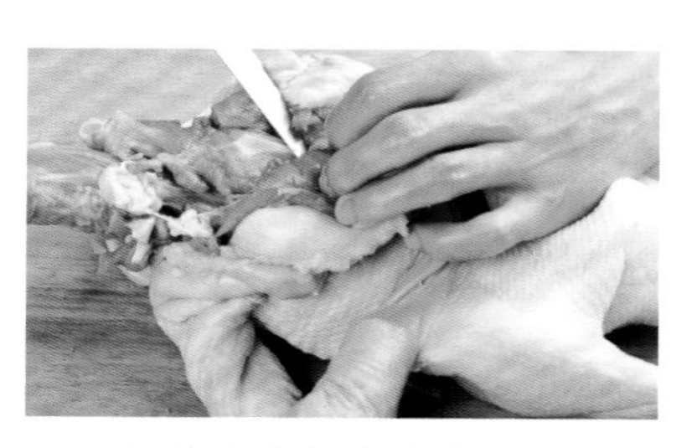

⑥将鸭脖与胸骨连接处切断。

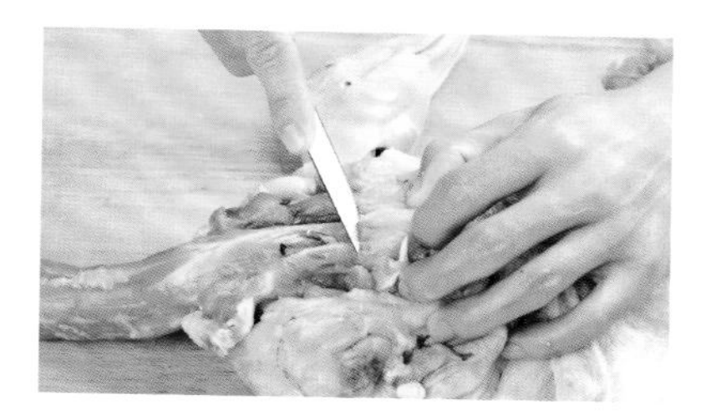

⑦将鸭脖取出。

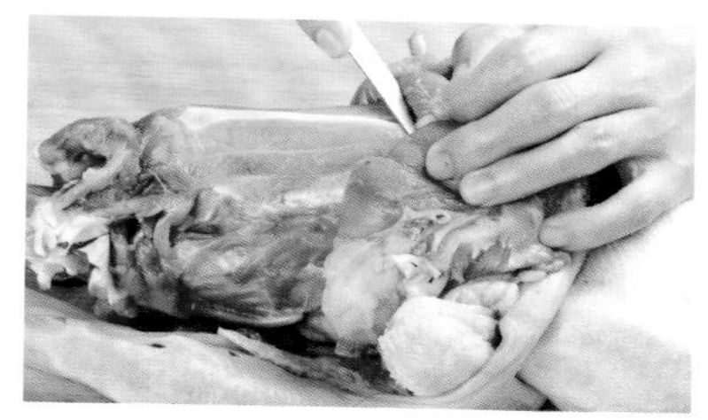

⑧将鸭脯肉取出。

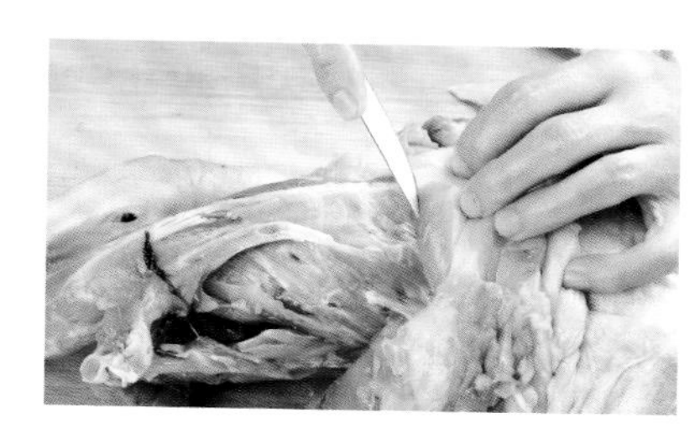

⑨将鸭皮与后背骨连结处切开。

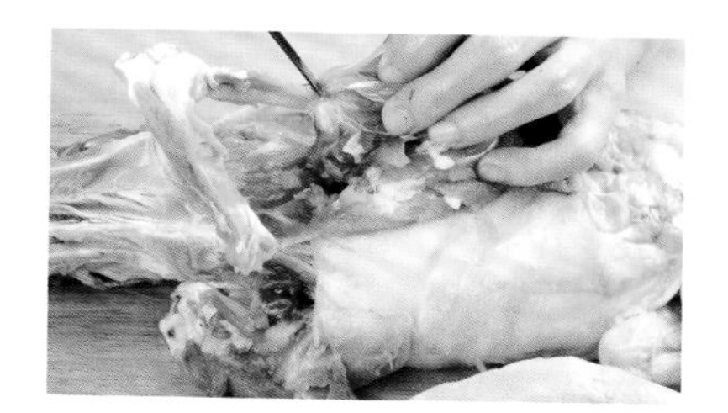

⑩将鸭腿骨取出。

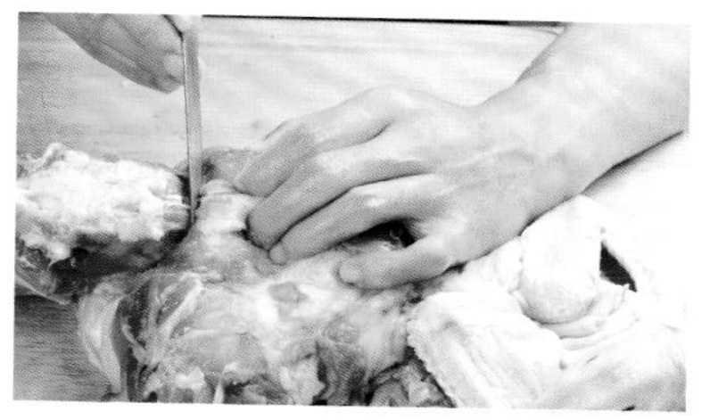

⑪将后背骨与鸭肉连结处切断。

鸭块

1. 操作步骤：

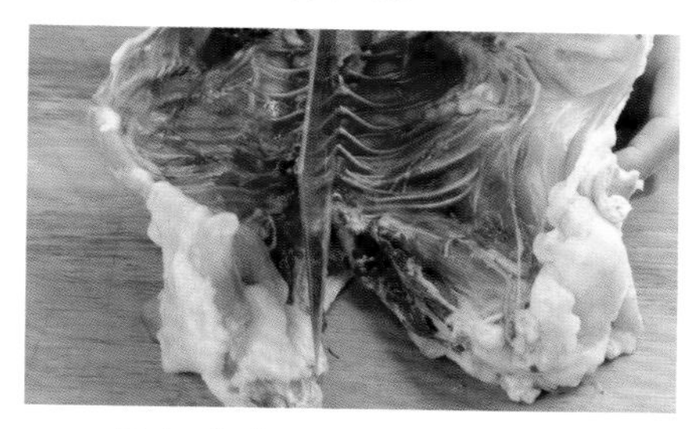

①在鸭脯开一刀，切开两半。

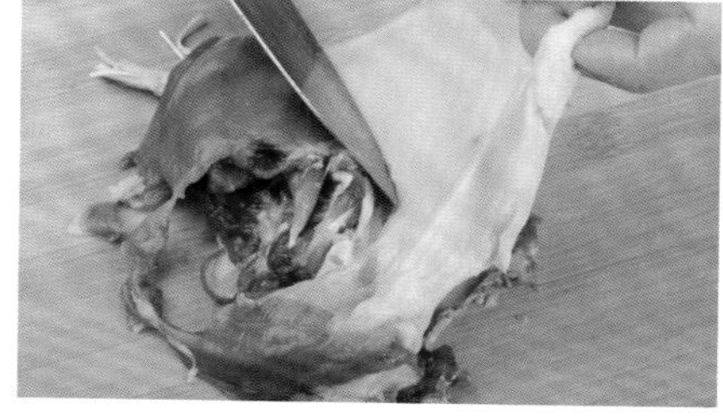

②切去鸭子的油层部分。

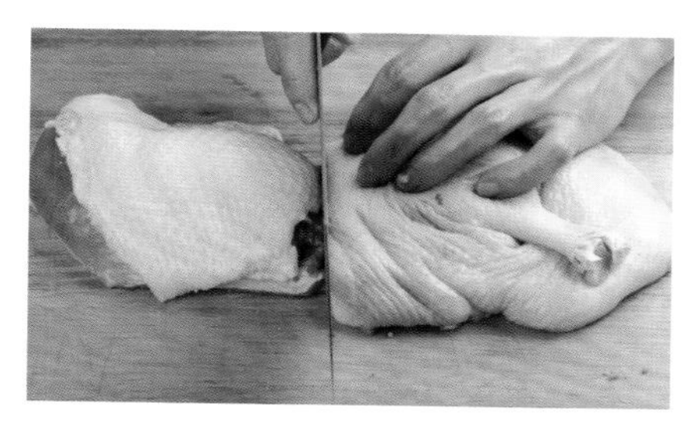

③将鸭子分割成两块。

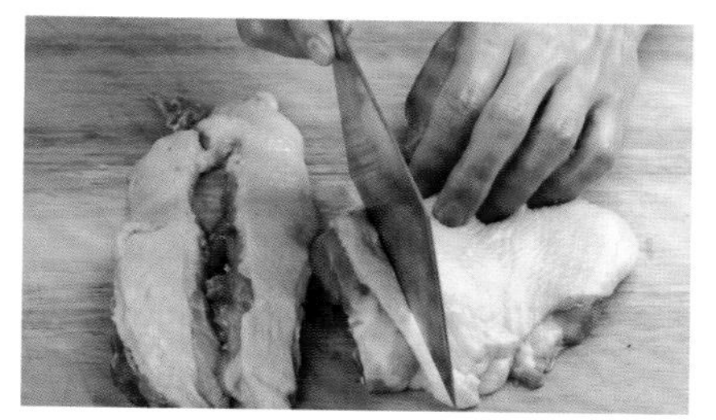

④将鸭肉剁成长条。

⑤将长条剁成块状。

2. 制作菜式：

红焖鸭块

鸭腿脱骨

脱骨

1. 操作步骤：

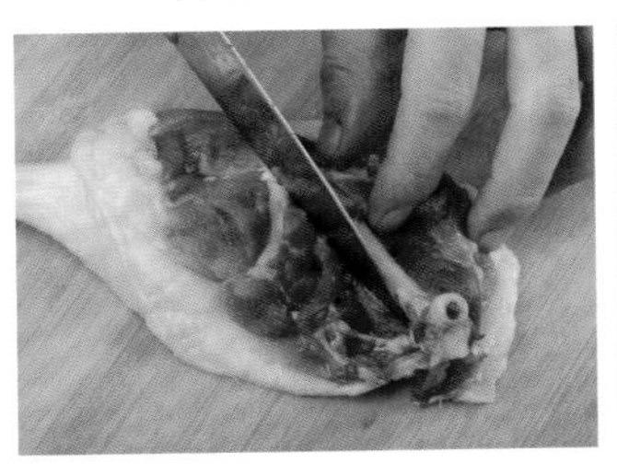

①顺骨将鸭腿从中间开一刀。

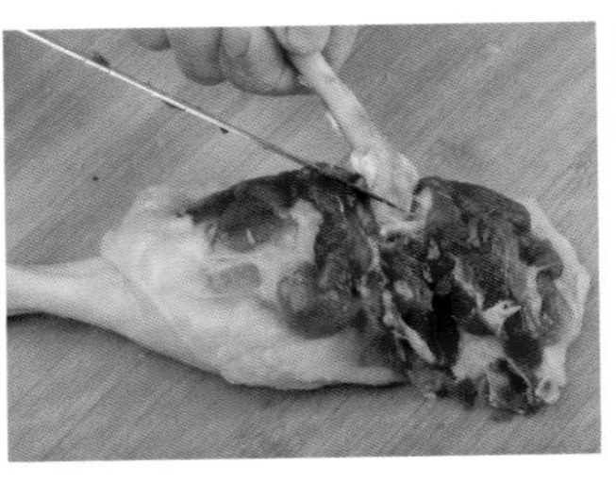

②切去鸭腿中骨。

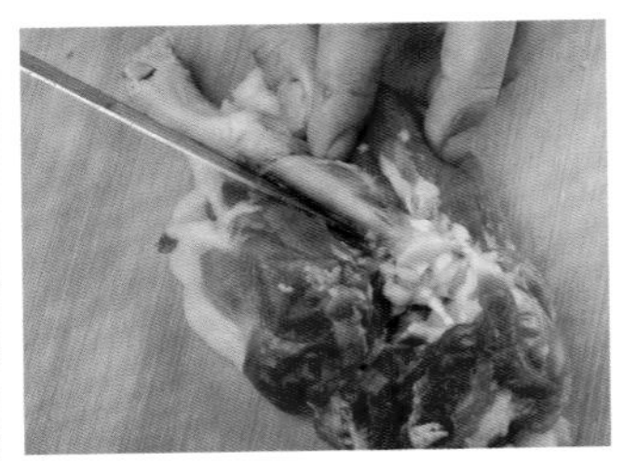

③将鸭腿的下骨部位开一刀。

④切去鸭腿下骨。

2. 制作菜式：

豉椒炒鸭球

鸭舌

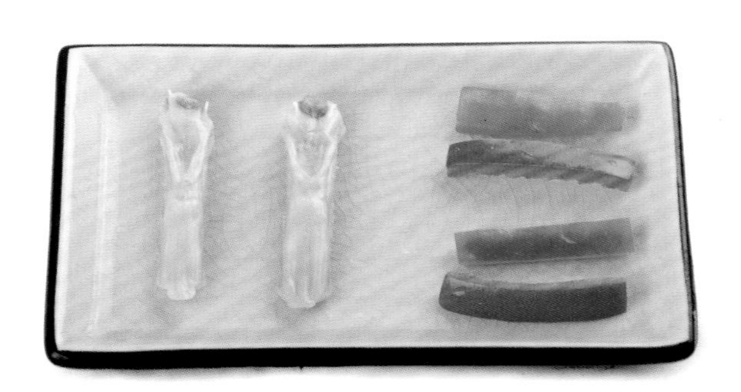

1. 操作步骤：

①从鸭头中间开一刀。

②将鸭舌取出。

2. 制作菜式：

焗鸭舌

鸭肫

菊花形

1. 操作步骤：

①将鸭肫的油层部分切去。

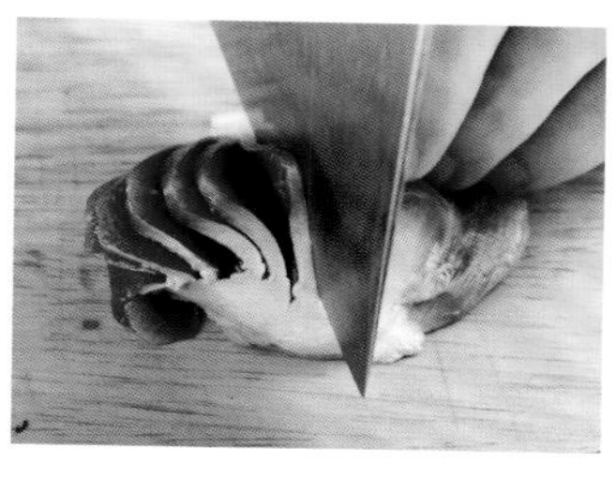

②将鸭肫切成连刀的薄片。

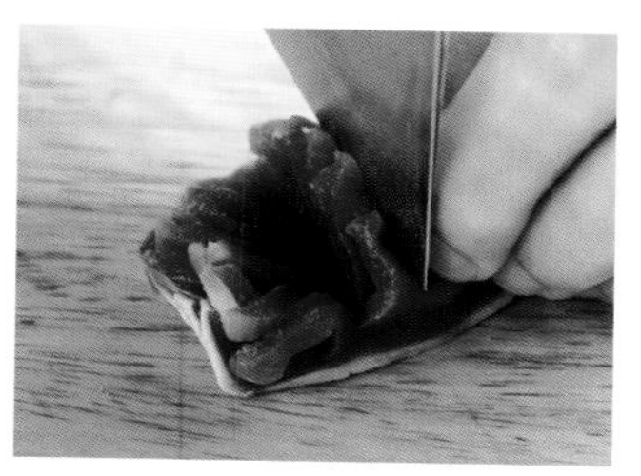

③将鸭肫切成菊花状。

2. 制作菜式：
碧绿炒鸭肫

片

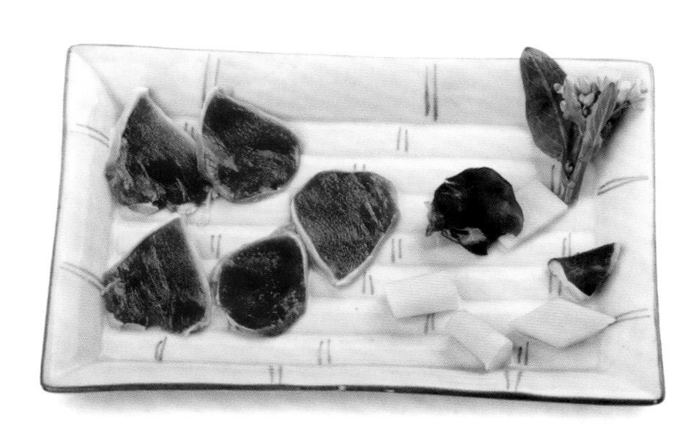

1. 操作步骤：

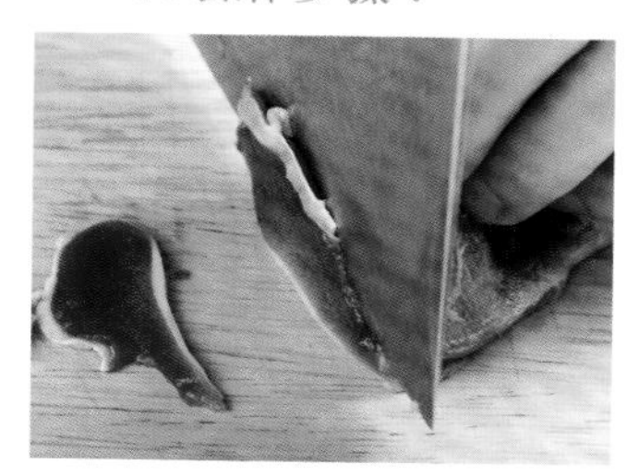

将鸭肫切为薄片。

2. 制作菜式：
芥兰炒鸭肫片

整鹅分割

操作步骤：

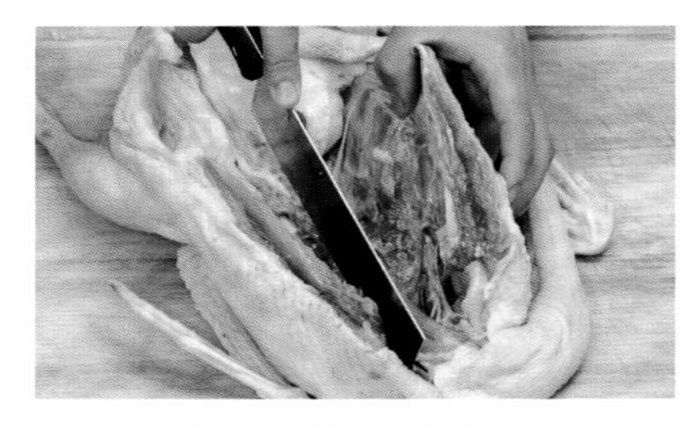

①将开膛的净鹅分开。

②斩去鹅脖及头部。

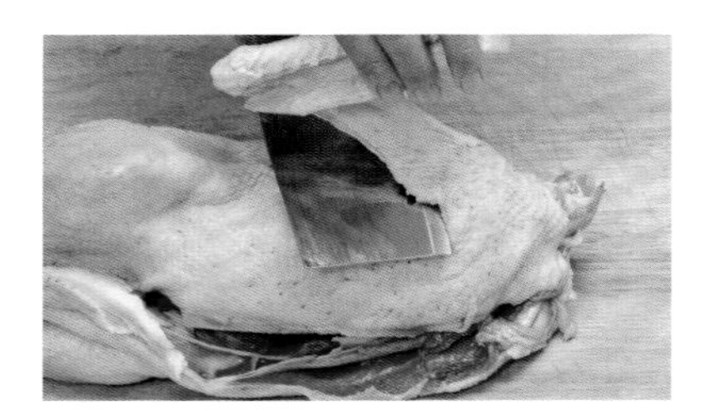

③剔去鹅翅膀。

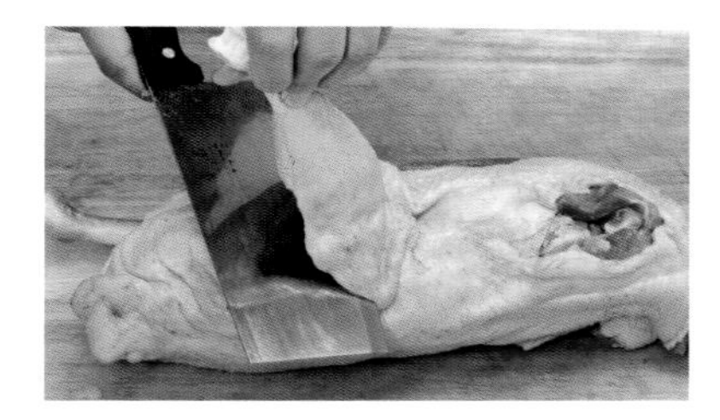

④剔去鹅腿部分。

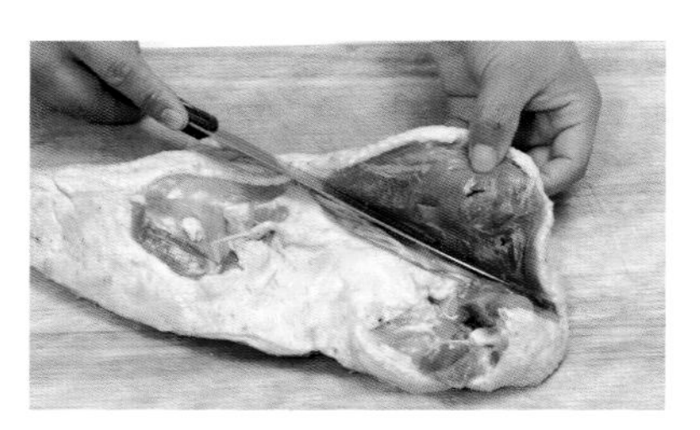

⑤分割出鹅胸肉。

鹅肉块

1. 操作步骤：

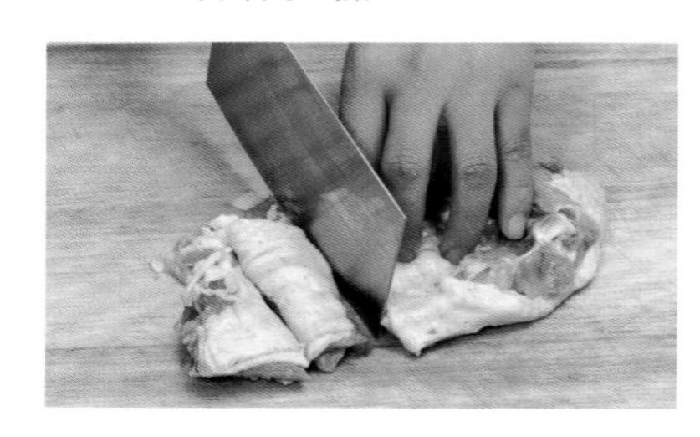

①将分割后的鹅肉切成条状。

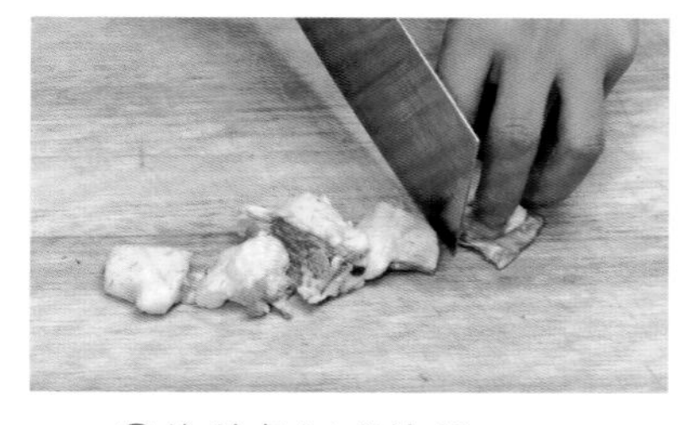

②将鹅条切成块状。

2. 制作菜式：

鹅块锅仔、小炒鹅块

鹅翅

段

1. 操作步骤：

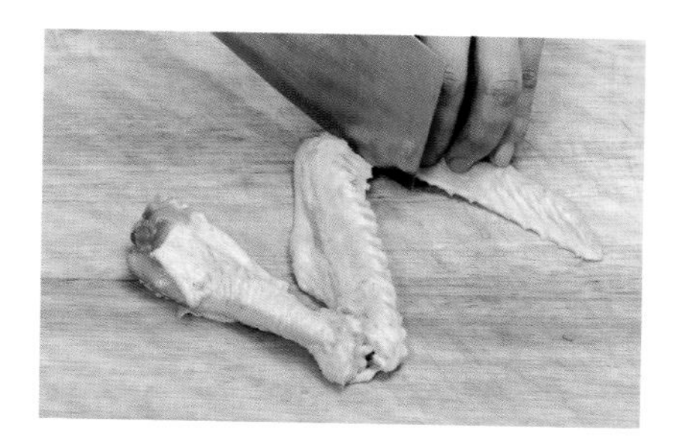

将整只鹅翅斩成三段。

2. 制作菜式：

卤水鹅翅

块

1. 操作步骤：

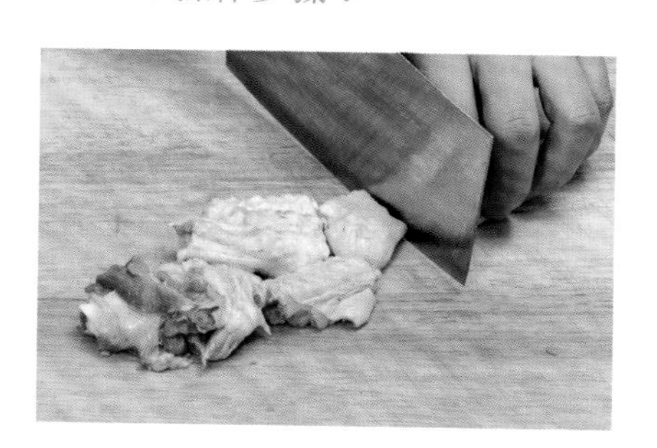

将整只鹅翅斩成块状。

2. 制作菜式：

红烧鹅翅

No.3 畜类刀工技法实例

猪里脊

肉排

1. 操作步骤：

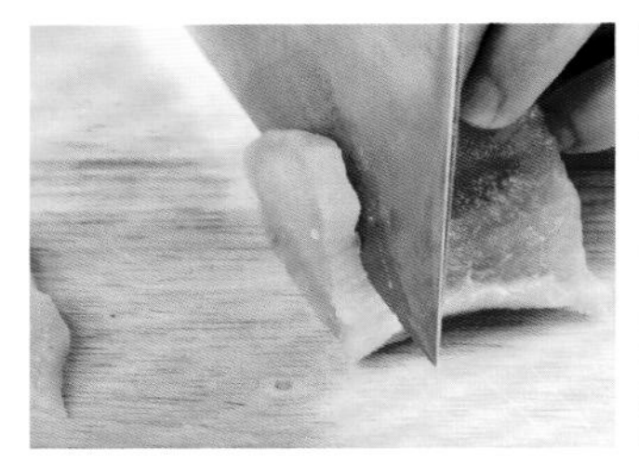

①将猪里脊切厚片。

②用刀轻轻拍一下。

③用刀背轻轻地把肉剁松。

2. 制作菜式：

果汁焗肉排

连刀片

1. 操作步骤：

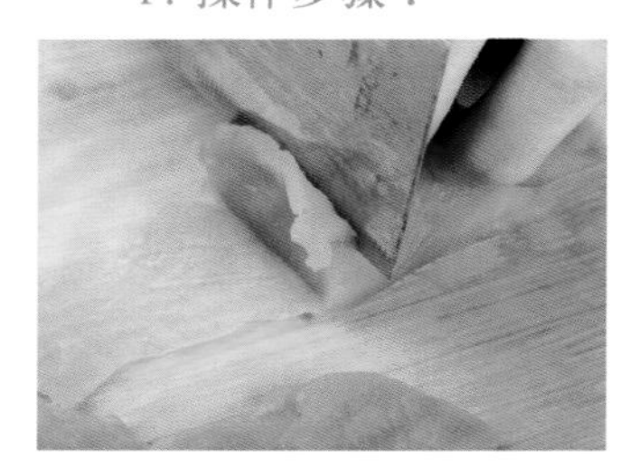

将猪里脊切连刀薄片。

2. 制作菜式：

苦瓜炒肉片

菊花刀

1. 操作步骤：

①先将猪里脊切片。

②然后将猪里脊切为菊花状。

2. 制作菜式：

糖醋里脊花

猪舌

片

1. 操作步骤：

①用水将猪舌烫片刻。

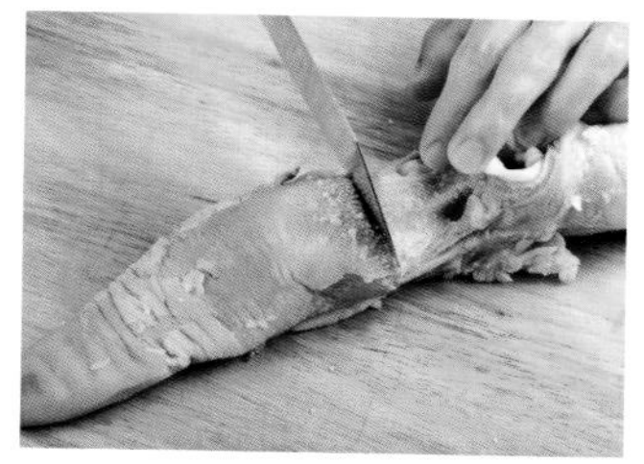

②撕去猪舌上的表皮。

③将猪舌切成薄片。

2. 制作菜式：
凉拌猪舌

丝

1. 操作步骤：

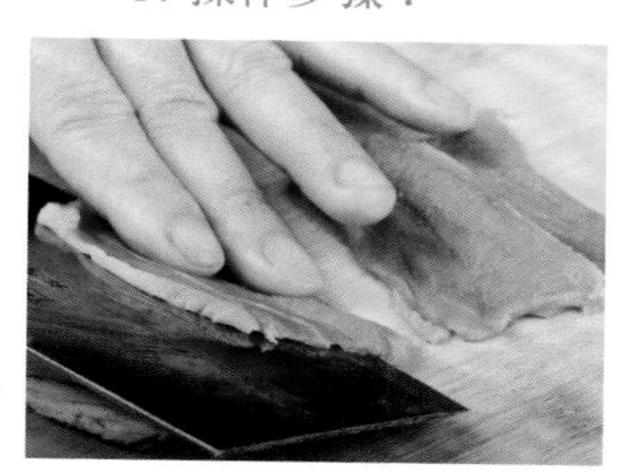

①将猪舌斜刀切片。

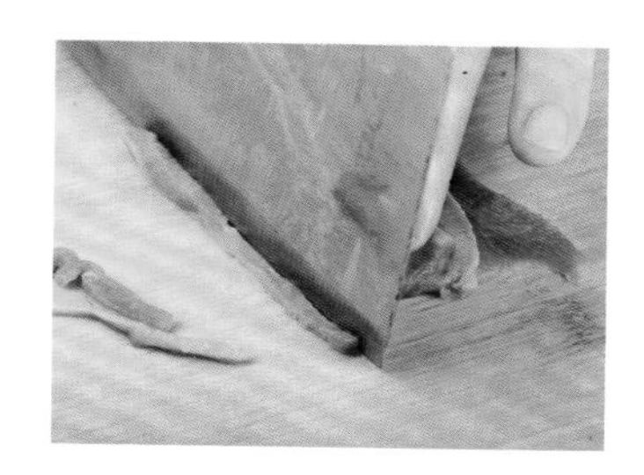

②将斜片切丝。

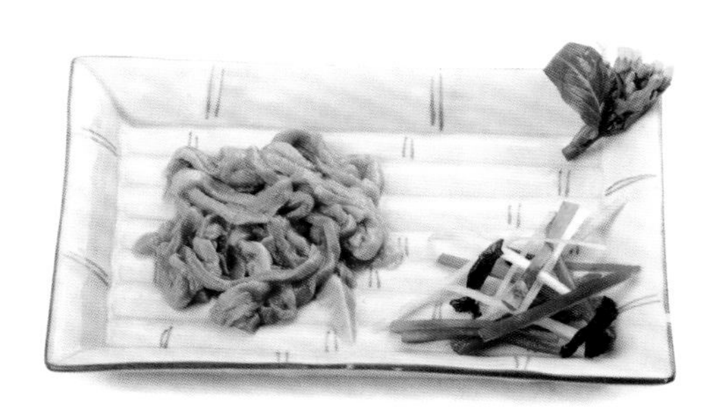

2. 制作菜式：
西芹炒猪舌

五花肉

块

1. 操作步骤：

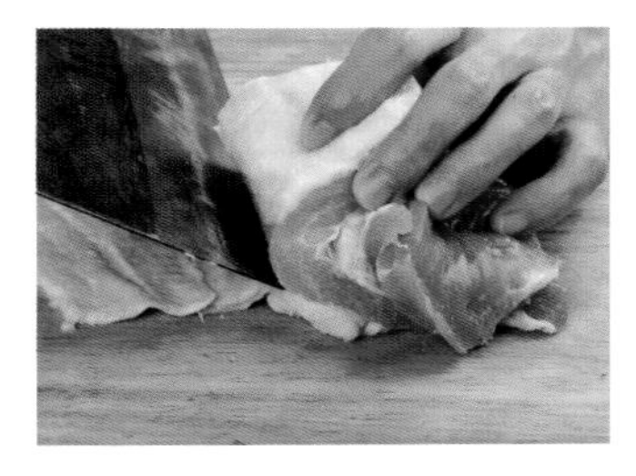

①将五花肉去皮。

②将去皮的五花肉切成条状。

③将条切成滚刀块。

2. 制作菜式：

菠萝咕噜肉

片

1. 操作步骤：

将五花肉切薄片。

2. 制作菜式：

咸鱼蒸花腩

丁

1. 操作步骤：

①将五花肉切成条状。

②将五花肉条切成四方丁。

2. 制作菜式：

红烧肉

丸

1. 操作步骤：

①将五花肉切小丁。

②将五花肉斩碎。

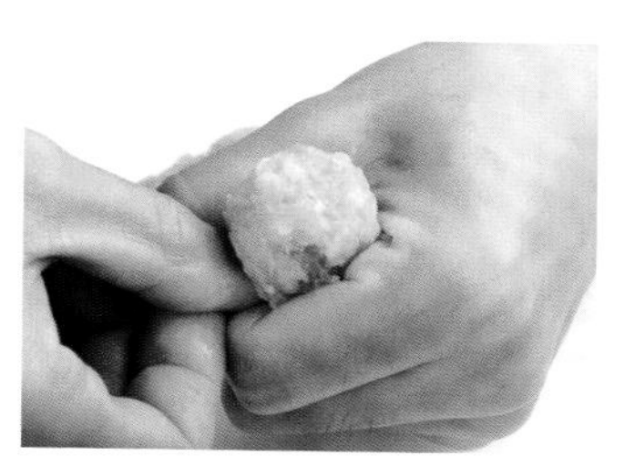

③挤出肉丸。

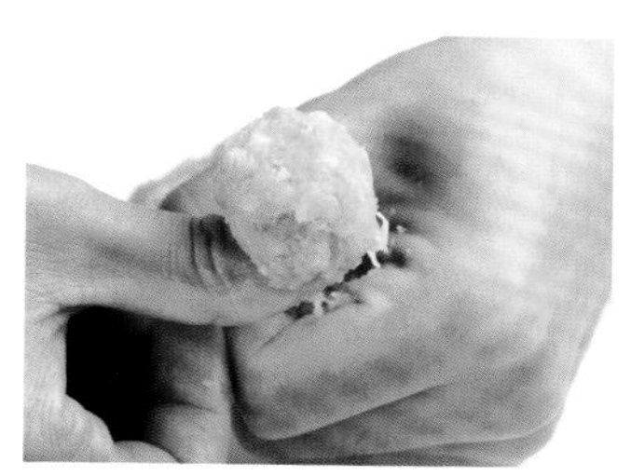

④用手指将肉丸托起。

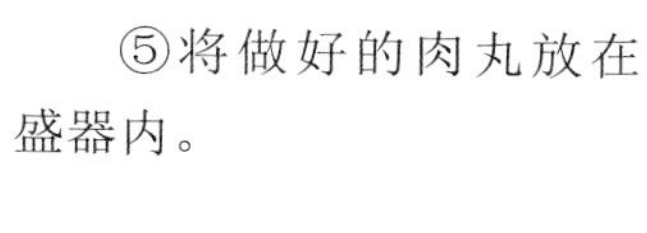

⑤将做好的肉丸放在盛器内。

2. 制作菜式：

焦熘丸子

猪心

十字刀

1. 操作步骤：

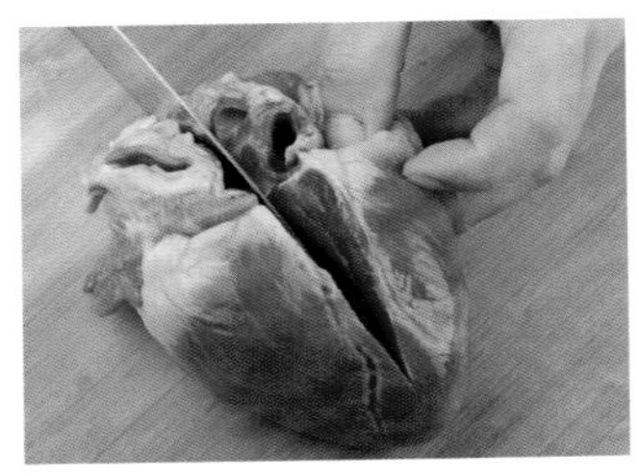

①在猪心中间开一刀。

②在猪心上切出一字刀。

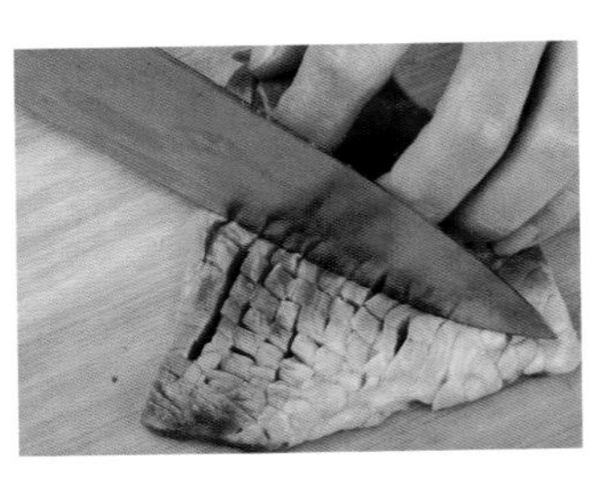

③在猪心上切出十字刀。

④将猪心切小块。

2. 制作菜式：

铁板猪心片

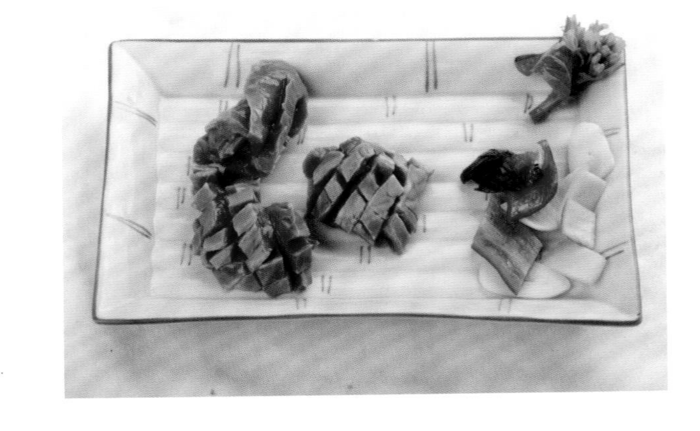

片

1. 操作步骤：

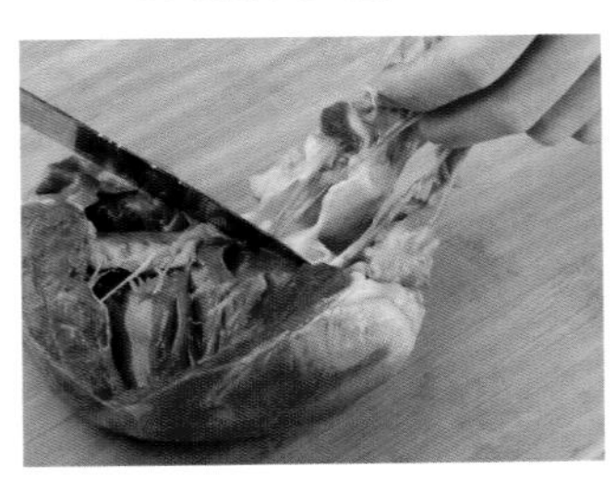

①将猪心油层部分切去。

②将猪心切片。

2. 制作菜式：

豉椒炒猪心片

条

1. 操作步骤：

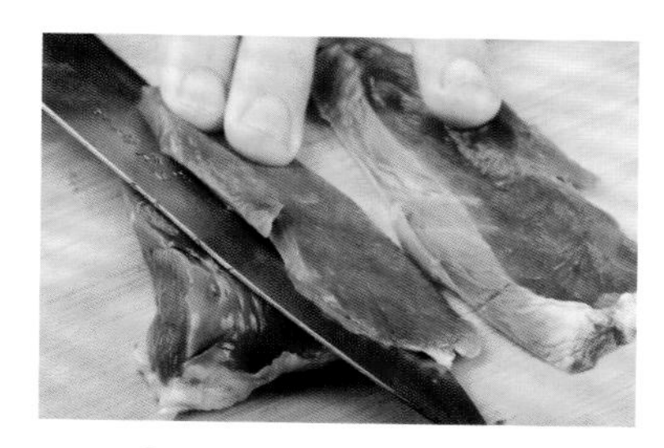

①将猪心切成厚片。

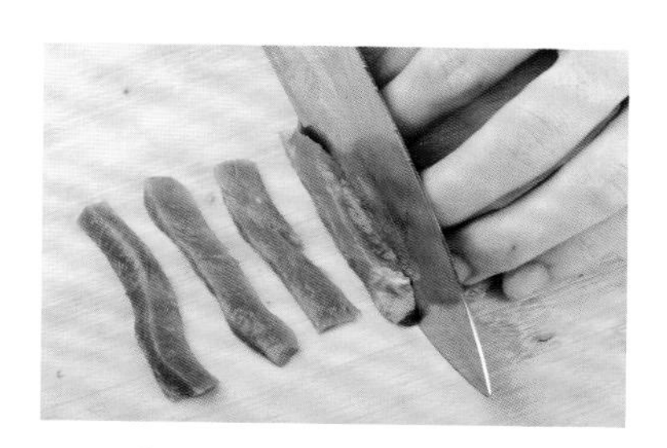

②再把厚片切条。

2. 制作菜式：

红烧猪心条

丁

1. 操作步骤：

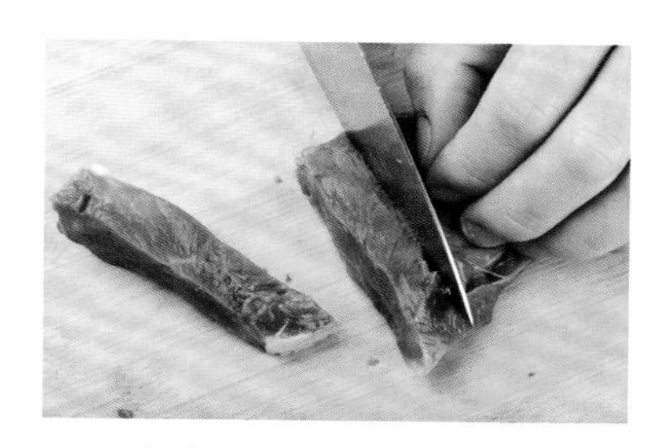

①将猪心切条。

②再将条切丁。

2. 制作菜式：

爆炒猪心丁

猪肚

肚花

1. 操作步骤：

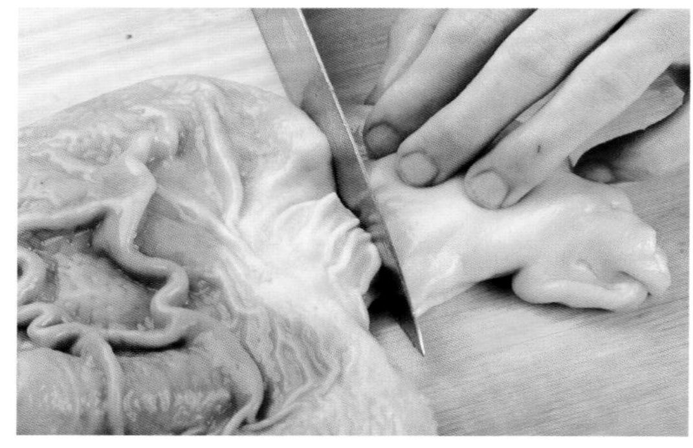

①用刀将肚尖取出。

②在肚尖中间处切开。

③将肚尖切一字连刀。

④将肚尖切花刀。

2. 制作菜式：

爆炒肚尖

肚片

1. 操作步骤：

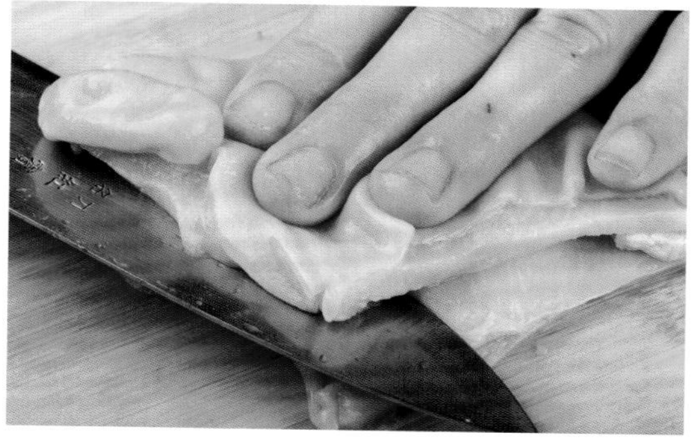

①将猪肚从中间切开。

②将猪肚切片。

2. 制作菜式：

红油肚片

肚丝

1. 操作步骤：

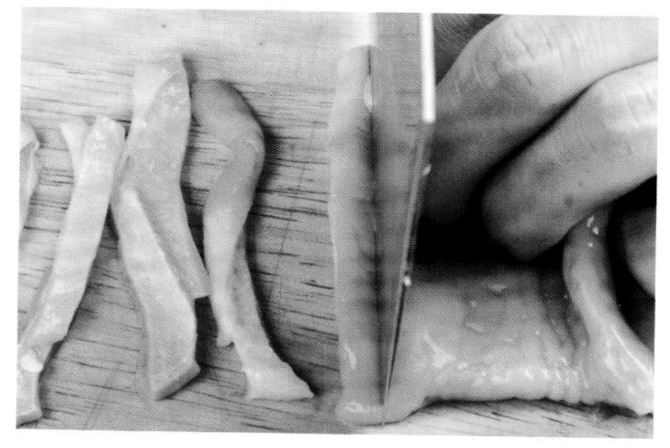

将切成片的猪肚切丝。

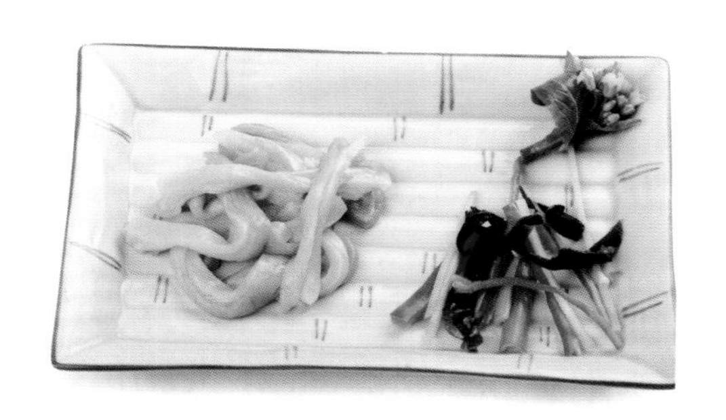

2. 制作菜式：

百福果仁肚丝

牛肉

块

1. 操作步骤：

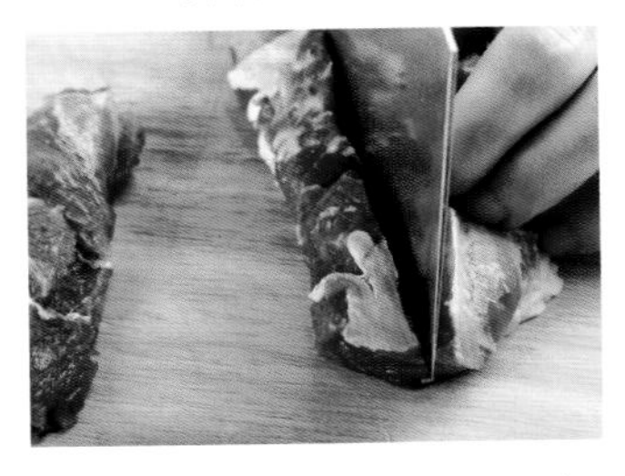

①将一块牛肉切成粗条状。

②把条状牛肉切成块。

2. 制作菜式：

萝卜焖牛肉块

片

1. 操作步骤：

取一块牛肉切成牛肉片。

2. 制作菜式：

苦瓜牛肉片

条

1. 操作步骤：

①取一块牛肉，片去有筋的部分。

②将牛肉切成条状。

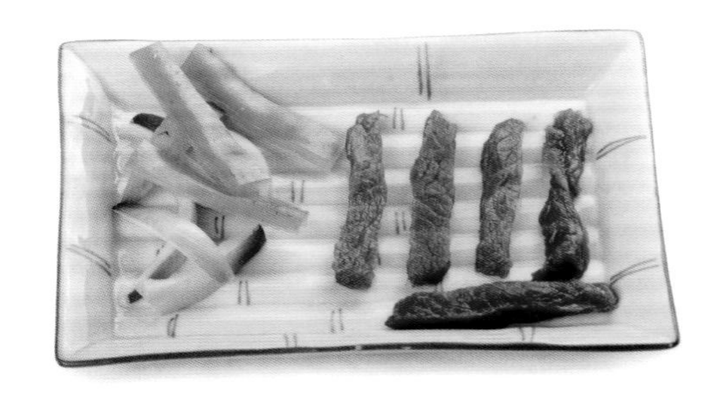

2. 制作菜式：

杭椒牛柳

牛排

1. 操作步骤：

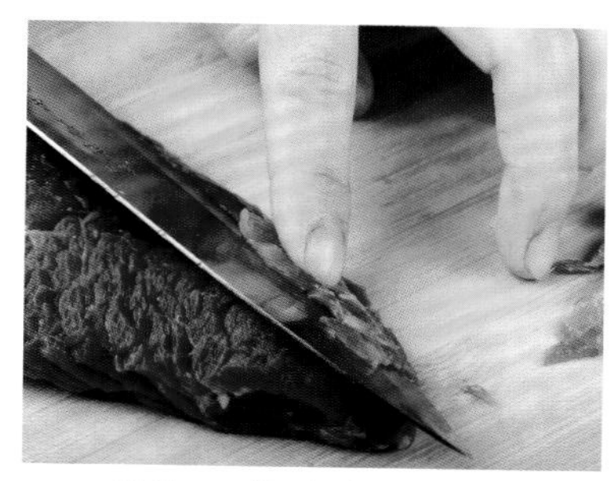

①取一块牛肉，片去牛肉上的筋。

②将牛肉切成厚片状。

③用刀背将牛肉剁成厚片，不要剁开。

2. 制作菜式：

香煎牛排

串

1. 操作步骤：

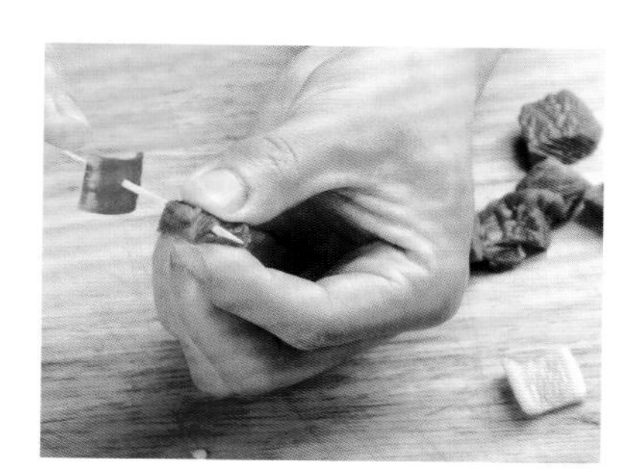

①取干净竹扦，相间插上切好的红椒、牛肉。

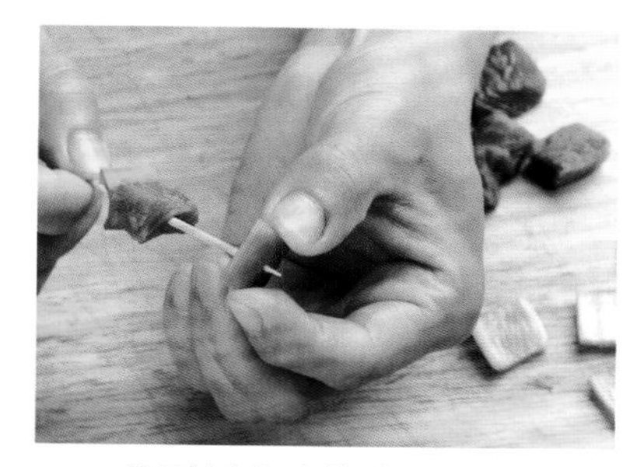

②再插上青椒块。

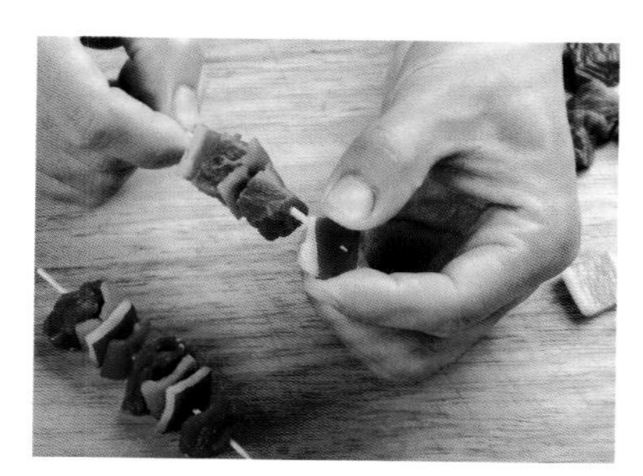

③最后在牛肉串上插上洋葱块。

2. 制作菜式：
烤牛肉串

丸

1. 操作步骤：

①将牛肉剁成末。

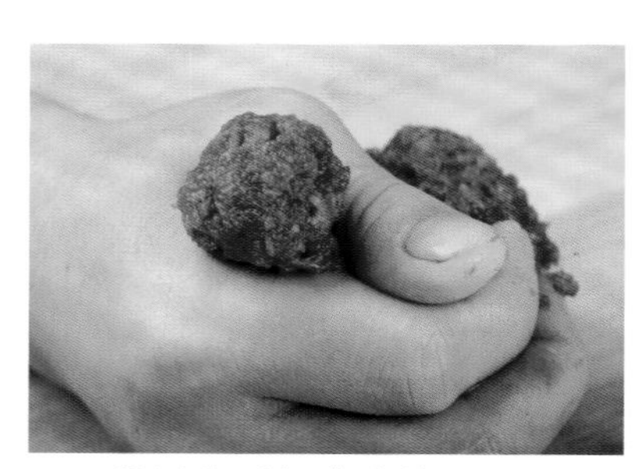

②用左手把肉末挤成丸状。

③用右手拇指将丸子托起。

④将挤好的牛肉丸放在生菜叶上。

2. 制作菜式：
金针菇牛丸汤

牛丸花

2. 制作菜式：

美味菊花牛丸汤

1. 操作步骤：

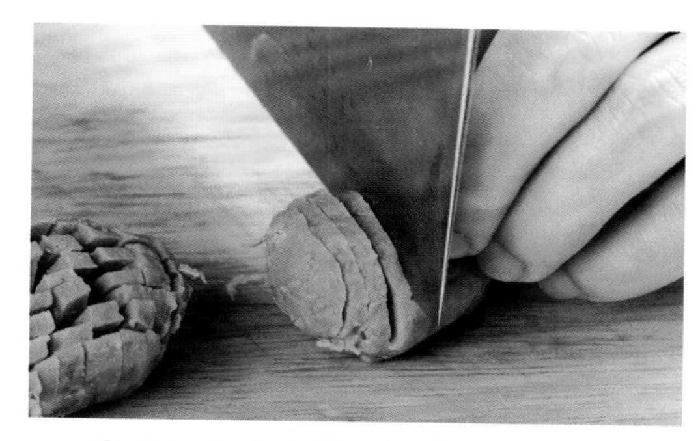

①将牛肉丸煮熟，切成一字刀状。

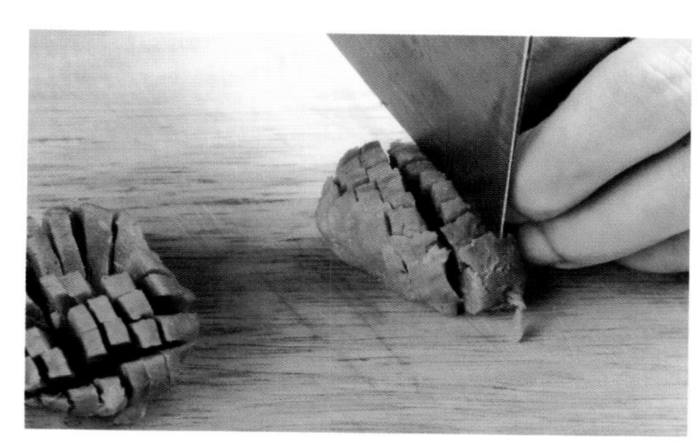

②将牛肉丸切成十字刀状。

牛丸片

2. 制作菜式：

西芹炒牛丸片

1. 操作步骤：

将煮熟的牛肉丸切成厚片状。

牛舌

片

1. 操作步骤：

①将牛舌用开水烫片刻。

②将牛舌的表皮撕去。

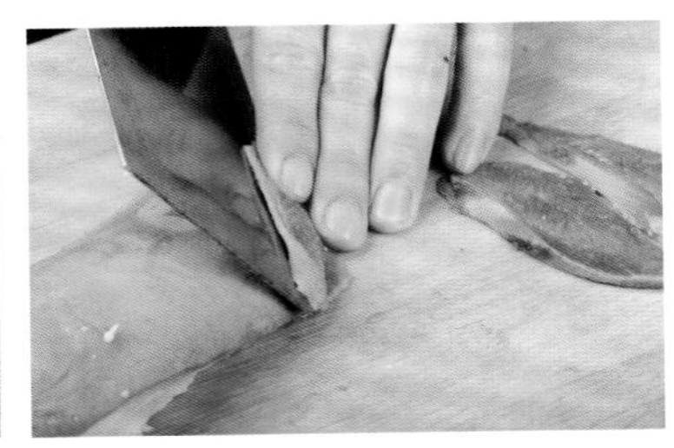

③将牛舌片成薄片。

2. 制作菜式：
洋葱炒牛舌片

条

1. 操作步骤：

①将牛舌切成段状。

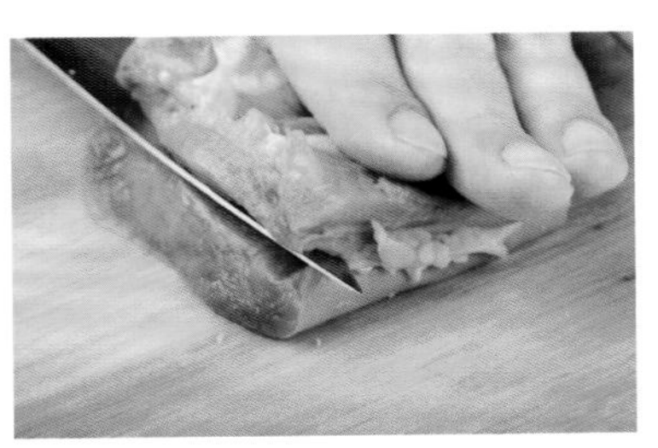

②将牛舌从中间片开，一分为二。

③将牛舌切成条状。

2. 制作菜式：
双椒爆牛舌条

丁

1. 操作步骤：

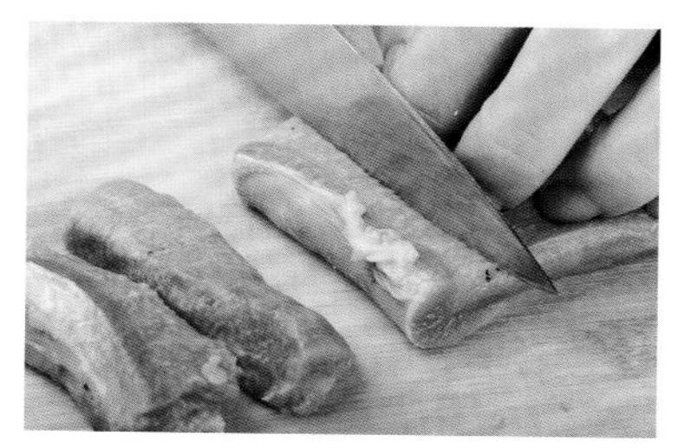

①将牛舌切成条状。

②将牛舌条切成丁状。

2. 制作菜式：

碧绿炒牛舌丁

花

1. 操作步骤：

①将初加工后的牛舌切一字连刀状。

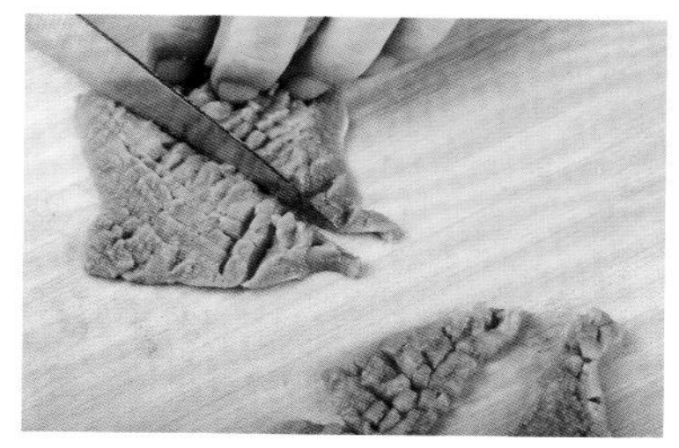

②将牛舌切花刀。

③将切好花刀的牛舌一分为二，呈三角形。

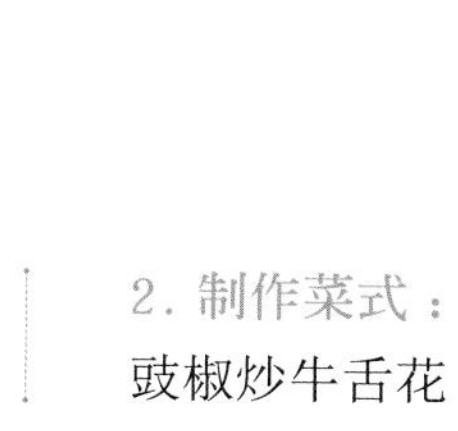

2. 制作菜式：

豉椒炒牛舌花

牛百叶

片

2. 制作菜式：
红油牛百叶

1. 操作步骤：

①将牛百叶的油层部分片去。

②再片成片。

丝

2. 制作菜式：
黄豆芽炒牛百叶

1. 操作步骤：

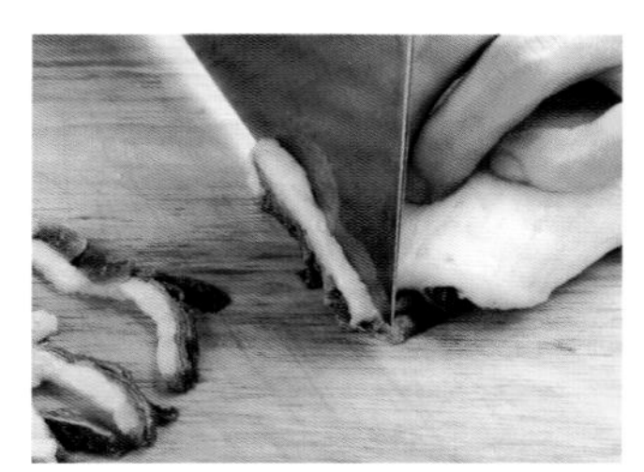

将牛百叶切成丝。

牛柳

2. 制作菜式：
铁板牛柳

1. 操作步骤：

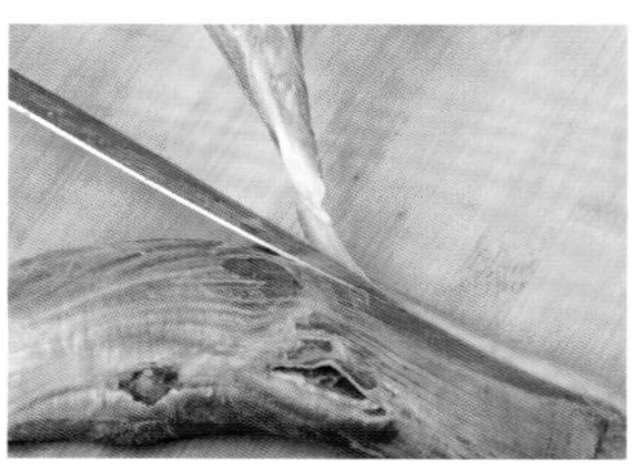

①将牛柳的油层部分片去。

②将牛柳的大板筋片去。

③将牛柳内部的筋取出。

④将牛柳切成块状。

羊肉

片

1. 操作步骤：

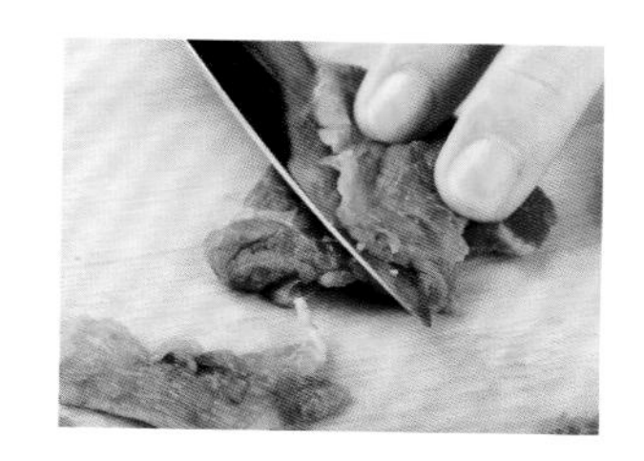

将羊肉片成片状。

2. 制作菜式：
孜然羊肉

条

1. 操作步骤：

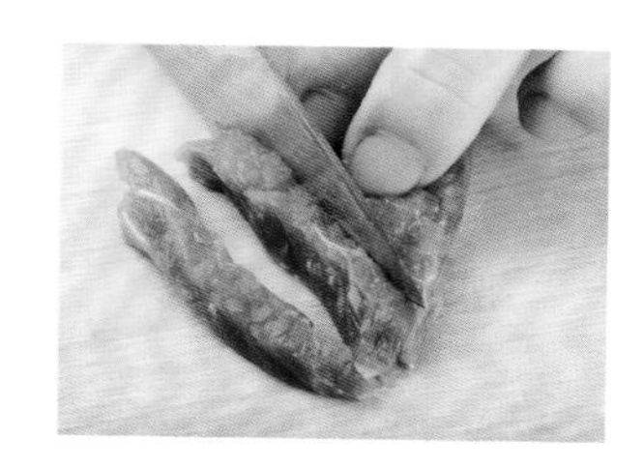

将羊肉切成条状。

2. 制作菜式：
香煎羊肉条

丁

1. 操作步骤：

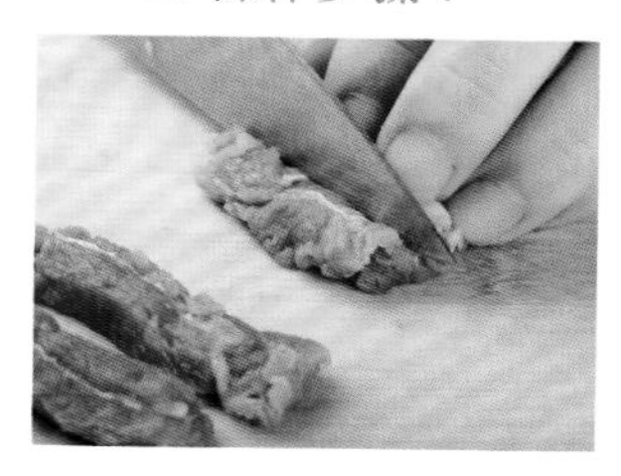

①先将羊肉切成条状。

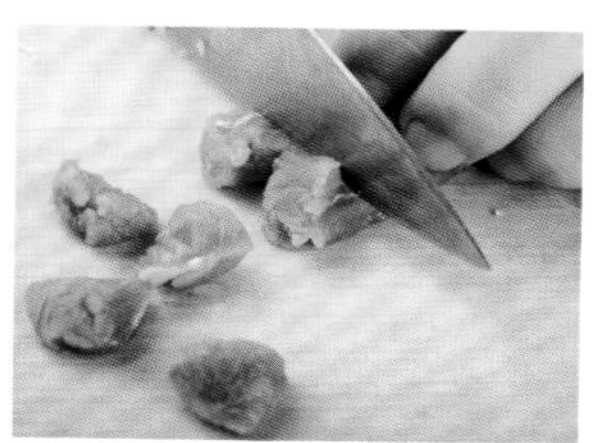

②再将羊肉条切成丁状。

2. 制作菜式：
爆炒羊丁

串

1. 操作步骤：

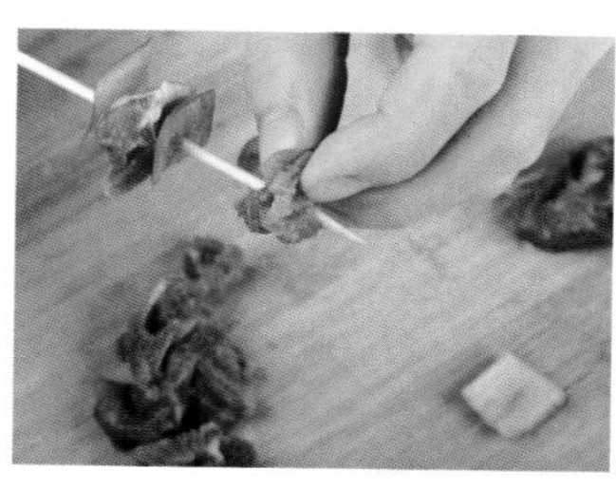

将切好的羊肉丁用竹签穿好。

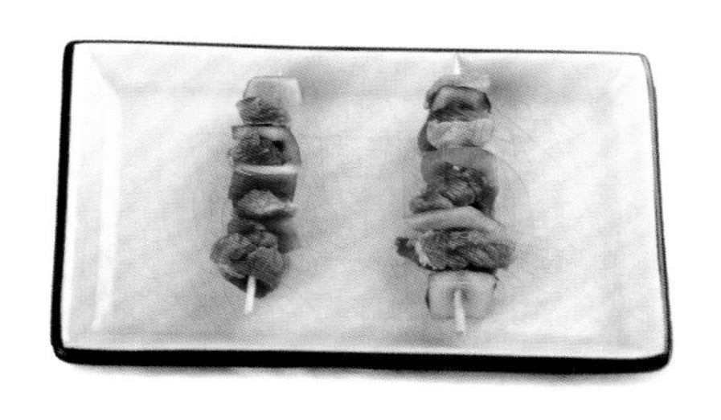

2. 制作菜式：
烤羊肉串

羊腿

1. 操作步骤：

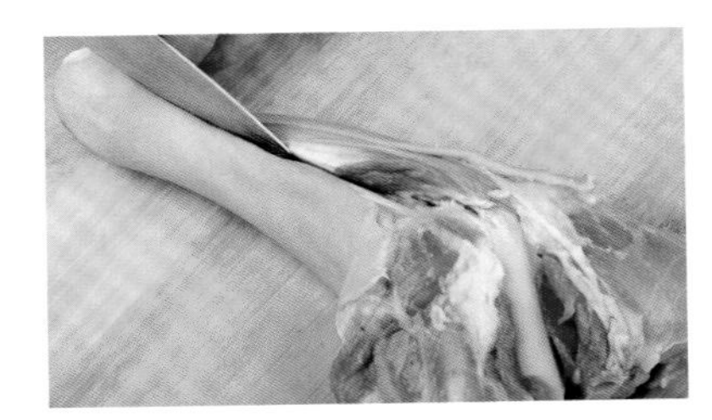
①将羊腿划一刀。

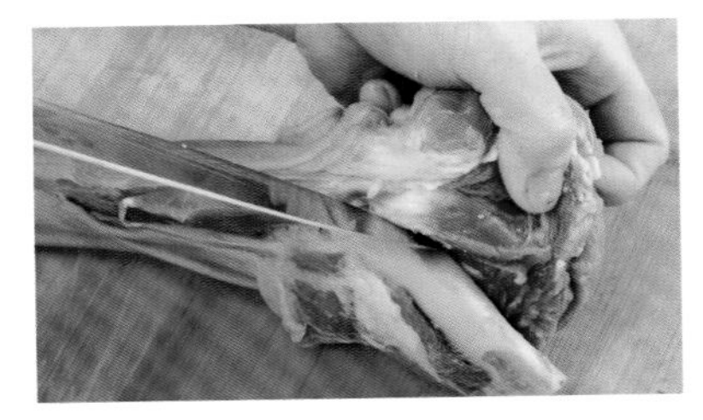
②剔开羊腿大骨。

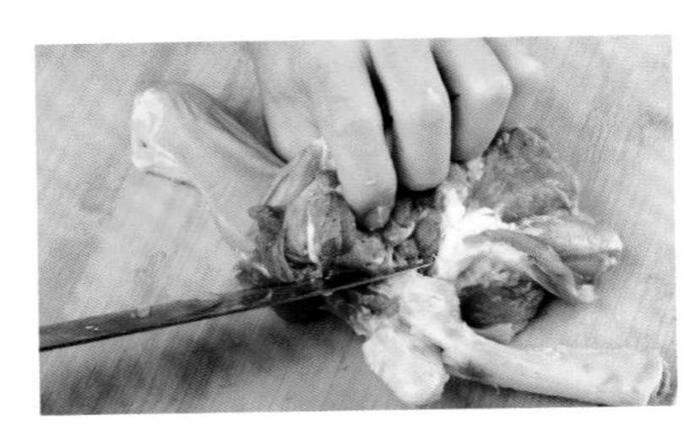
③再用刀顺着腿骨向下剔。

④将羊腿肉全部剔出。

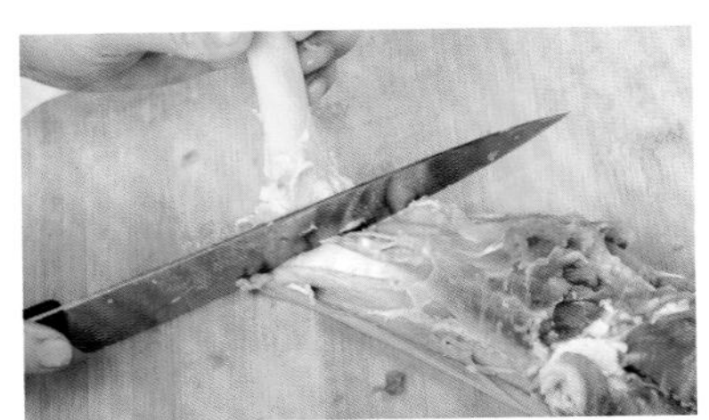
⑤将羊腿骨切去。

2. 制作菜式：
卤羊腿

羊排

1. 操作步骤：

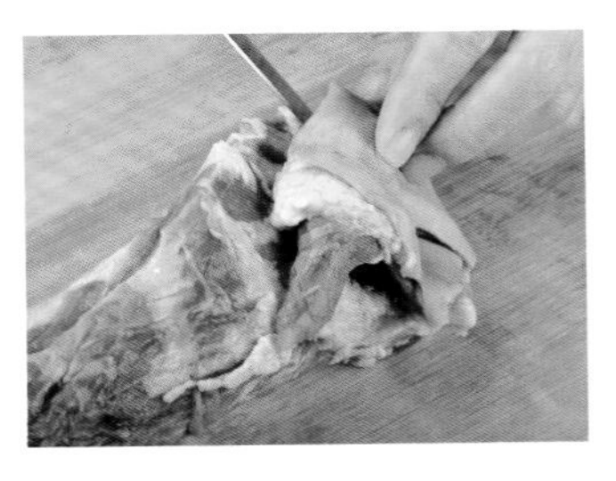
①将羊排上的皮切去。

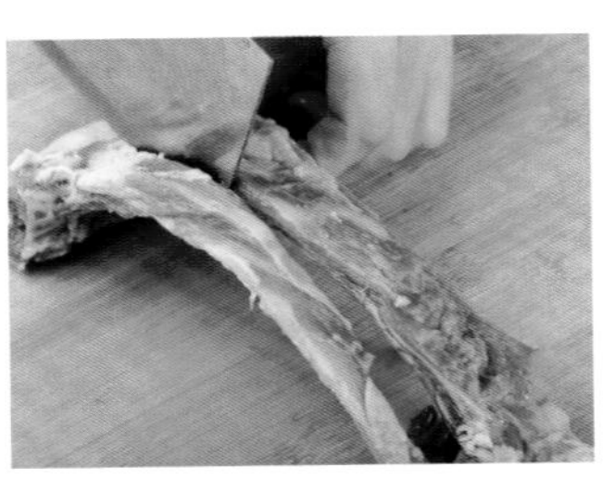
②将连在一起的羊排切开。

2. 制作菜式：
酱烤羊排

PART 4

蔬菜类 刀工 技法

KNIFE SKILLS

No.1 蔬菜类食材概述

一、蔬菜的种类

蔬菜在菜肴中应用很广，既能做主料，也能做配料，是日常生活中不可缺少的食材。它们含有各种营养成分，其中以碳水化合物、矿物质、纤维素以及各种维生素最为丰富，不仅能促进食欲，还能帮助消化。

蔬菜主要分为叶菜类、茎菜类、根菜类、果菜类、花菜类和食用菌类。

1. 叶菜类蔬菜

叶菜类蔬菜是指以鲜嫩的菜叶及叶柄作为食用部分的蔬菜。主要种类有青菜、油菜、大白菜、小白菜、卷心菜、空心菜、菠菜、苋菜、荠菜、雪菜、蒜苗、大葱、韭菜、香菜、芥菜、芹菜、豆苗、生菜等。

叶菜类的加工，一般采用摘和切的方法。油菜、菠菜、香菜、小白菜、大白菜、苋菜等，可先摘去老帮、老叶、黄叶、烂叶，切去老根，然后洗净。

2. 茎菜类蔬菜

茎菜类蔬菜是指以肥大的茎作为食用部分的蔬菜。主要品种有地上茎如莴笋、苤蓝、菜苔，地下茎如土豆、芋头等，根茎如藕、姜，鳞茎如大蒜头、百合、洋葱等，嫩茎如竹笋、毛笋、冬笋、茭白等。

茎菜类的加工，主要用刮、剜、切的方法。如土豆、青笋的加工，可先将外皮筋膜等刮去，切去两端不用的部分，再剜去腐败、有害的部位，洗净即可。

3. 根菜类蔬菜

根菜类蔬菜是指以肥大的根部作为食用部分的蔬菜。主要品种有白萝卜、胡萝卜、青萝卜、红皮萝卜、山药、番薯、芜菁等。根菜类的加工，一般采用刮和切的方法。先用刮刀刮去菜的老皮和根须，然后切去硬根，洗净即可。

4. 果菜类蔬菜

果菜类蔬菜是指以果实或种子作为食用部分的蔬菜。主要品种有瓜果如黄瓜、丝瓜、南瓜、冬瓜、苦瓜、葫芦等，茄果如辣椒、番茄、茄子、甜椒等，菜果如毛豆、扁豆、豇豆、豌豆、蚕豆、刀豆、荷兰豆等，豆类制品如豆腐、黄豆芽、绿豆芽、豆腐干、豆腐皮等。

果菜类的加工，其中的瓜果类一般要去掉尖部、老筋，洗净即可；茄果类一般要去蒂。部分瓜果蔬菜需要去皮，然后洗净。

5. 花菜类蔬菜

花菜类蔬菜是指以蔬菜的花作为食用部分的蔬菜。主要品种有韭菜花、菜花、金针菜等。花菜类的加工，首先是去锈斑，去掉老叶、老茎等，然后洗净即可。

6. 食用菌类蔬菜

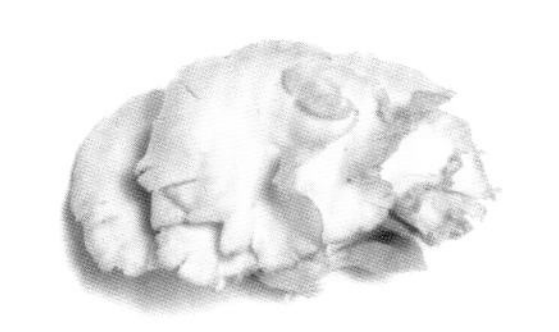

食用菌类蔬菜是指以无毒菌类的子实体作为食用部分的蔬菜。主要的品种有鲜蘑菇、鲜草菇、鲜平菇、香菇、金针菇、猴头菇、黑木耳、银耳、冬虫草等。

对食用菌类的加工，首先摘去明显的杂质，剪去老根，用水洗净泥沙，漂去杂质。

二、蔬菜的刀工原则

蔬菜是烹调原料中品种最为丰富的一部分，使用最为广泛，它既充当主料，也能兼做调料。在初步加工过程中要最大限度保持蔬菜的营养成分和食用价值，这就要求做到：

1. 按规格品种合理加工。

初步加工时，要根据蔬菜的品种、规格，选用合理的加工方法；要确保蔬菜食用部分的品质特点。

2. 洗涤方法得当，确保清洁卫生。

新鲜的蔬菜一般要用清水洗净，对于带有较多的泥沙、虫卵、杂质以及受细菌等致病微生物、工业三废物、农药污染较重的蔬菜，则可采用冲洗、刷洗、漂洗等方法，也可采用高锰酸钾水溶液、食盐水溶液、氯亚明水溶液、过氧乙酸水溶液、洗涤剂水溶液、次氯酸水溶液等浸泡洗涤，再用清水洗净，要彻底杀菌消毒。

No.2 蔬菜类刀工技法实例

淮山药

淮山药别名山芋、薯蓣、苹茹，既可作主粮、蔬菜，还可以制成糖葫芦之类的小吃，因此深受人们喜爱。它具有很好的滋补作用，是病后康复的食补佳品。其含脂肪较少，几乎为零，因此也有显著的减肥健美作用。

滚刀块

操作步骤：

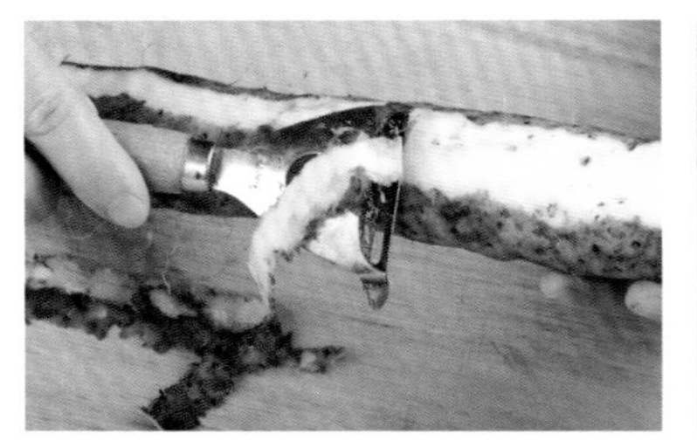

①先将淮山药去皮。

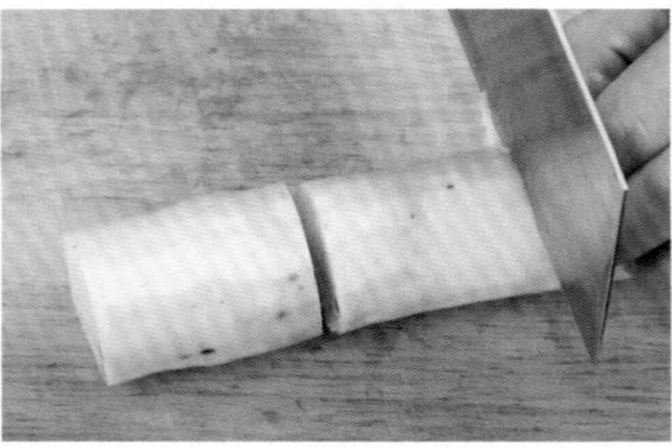

②再将淮山药切成段。

③然后将淮山药滚刀切成块状。

片

操作步骤：

将淮山药切成厚片。

条

操作步骤：

先将淮山药切成厚片，然后再切成条状。

菱形块

操作步骤：

先将淮山药切成长条，然后再切成菱形块。

白灵菇

白灵菇，即白阿魏蘑的俗称，因寄生于药用植物阿魏上而得名。其肉质细嫩、色泽极白、味美可口。据营养学家分析，它含17种氨基酸、多种维生素和矿物质。同时，它又是一种药用菇类，具有与阿魏中药相同的疗效，能消积、通便、杀虫（肠内）、镇咳、消炎、预防妇科肿瘤等。

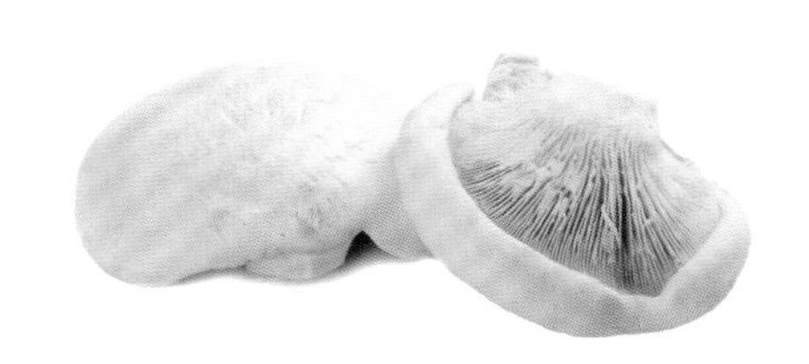

条

操作步骤：

①将已去根部的白灵菇片成片状。

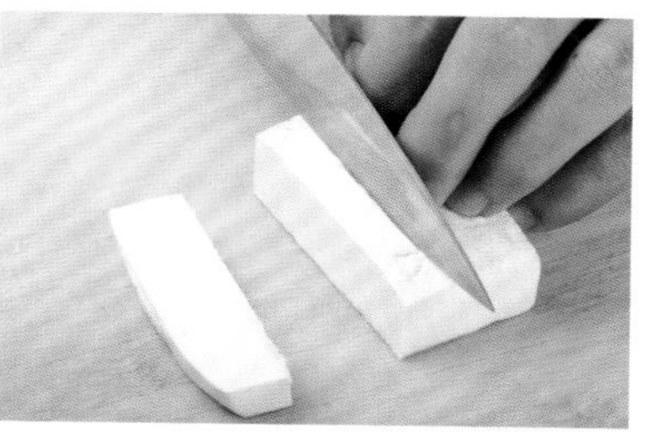

②将片成形的白灵菇切成粗条。

③再将百灵菇粗条切成细条。

丝

1. 操作步骤：

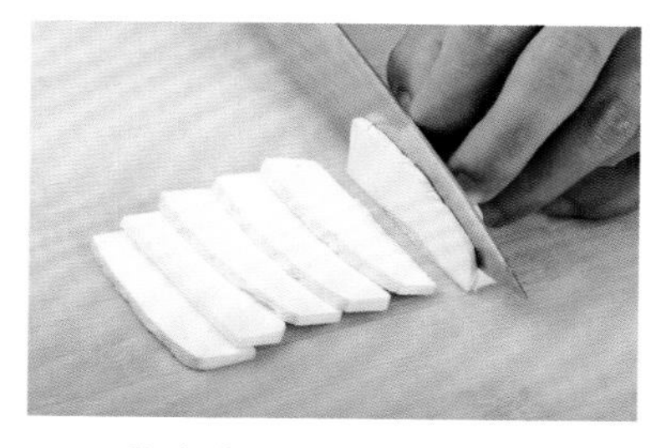

①先将白灵菇切成薄片。

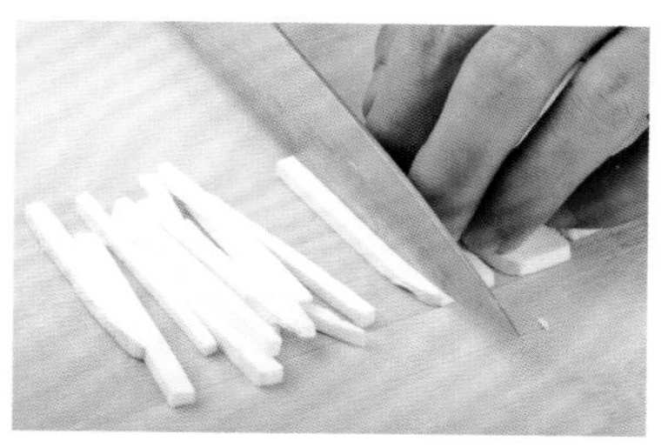

②再将薄片切成丝状。

2. 制作菜式：

块：适用于扒菜及蒸菜使用。

条：制作脆肉白灵柳、白灵炒牛柳。

丝：适用于炒肉丝、鱿鱼丝。

丁：适用于爆炒什锦白灵虾仁。

丁

操作步骤：

也可以将细条切成丁状。

十字刀

操作步骤：

将白灵菇切成十字交叉刀。

菜心

原条菜心

操作步骤：

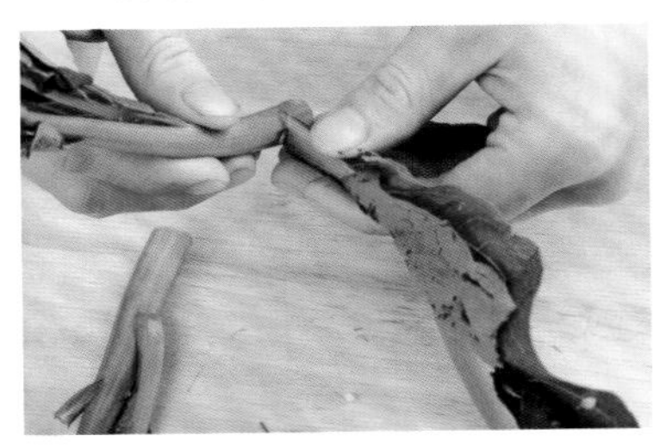

①先将菜心的烂叶剥去。

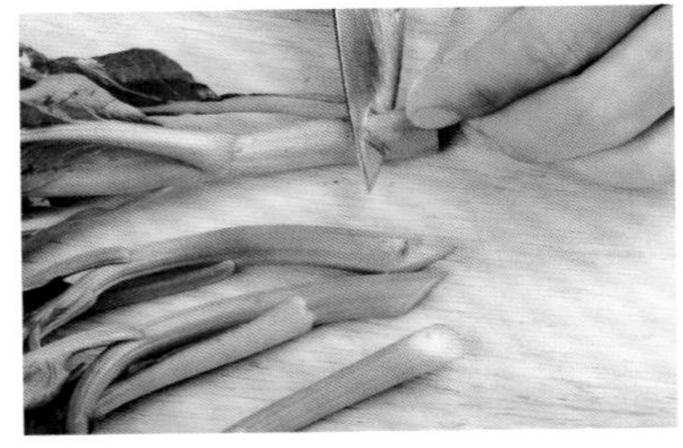

②再切去菜心的根部。

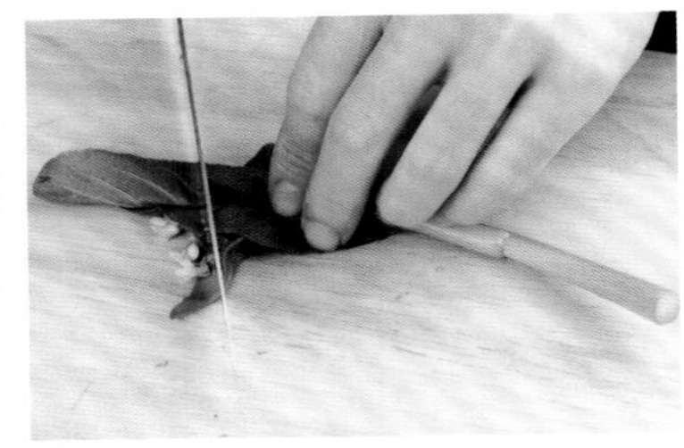

③最后切去菜心的老叶。

段

操作步骤：

①斜刀片去菜心的根部。

②再斜刀片出菜心的中间部分。

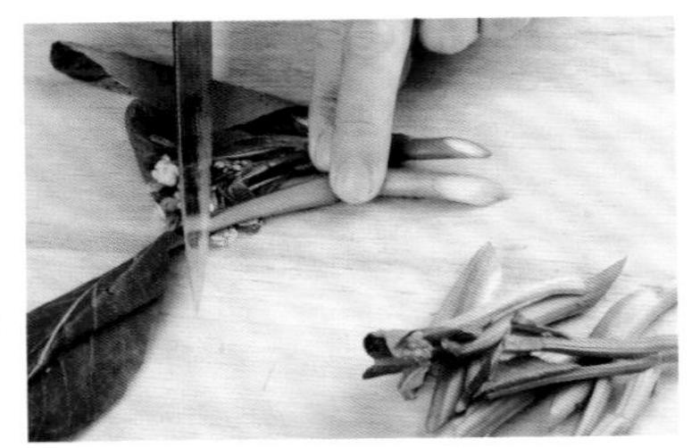

③切去菜心的大叶部分。

丁

操作步骤：

将去掉菜叶的菜梗切成丁。

菱形丁

1. 操作步骤：

将菜心梗切成菱形丁状。

2. 制作菜式：

原条菜心：可以制作蒜蓉炒菜心、滚汤菜心。

菜心段：可以生炒菜心、菜心炒鸡杂。

丁：滚粥、炒饭。

菱形丁：菜心炒鱼末、菜心炒玉米等。

草菇

草菇又名兰花菇、包脚菇，味道鲜美，香味浓郁，有“放一片，香一锅”的美誉。它既可鲜食，又可制成干菇。干菇香味更浓，而且便于包装和运输贮藏。

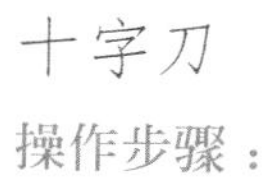

十字刀

操作步骤：

将草菇切成十字花刀。

块

操作步骤：

将草菇一分为二。

粒

操作步骤：

①将草菇片成片状。

②再将片状切成丝状。

③然后切成粒状。

片

1. 操作步骤：

将草菇切成片状。

2. 制作菜式：

块：用于草菇扒菜胆、草菇炒鱼球。

粒：可以制作羹汤类菜肴或搭配菜肴。

片：可制作爆草菇鸡片。

包菜

包菜的学名叫甘蓝，它是一种草本蔬菜，原产地中海，现在为世界性栽培的蔬菜。包菜的吃法很多，可生食、清炒、烧汤，也可与其他食物同烹，还可做泡菜等。我们平常所说的“卷心菜”就是包菜的一种。

方块

操作步骤：

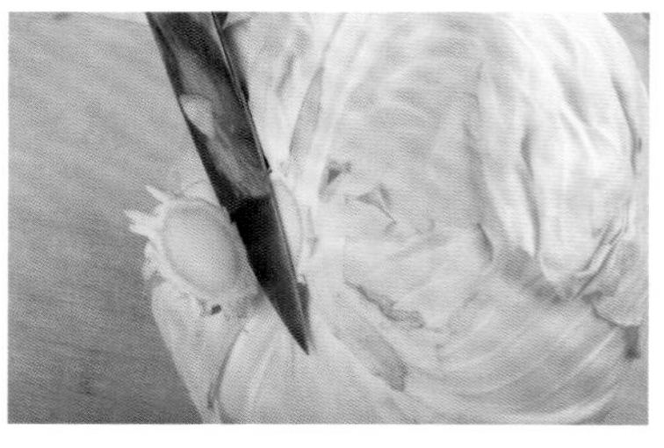

①先切去包菜的根部。

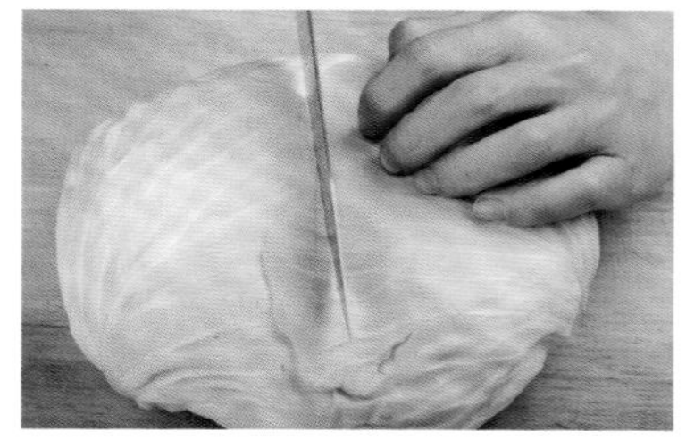

②然后将包菜一分为二。

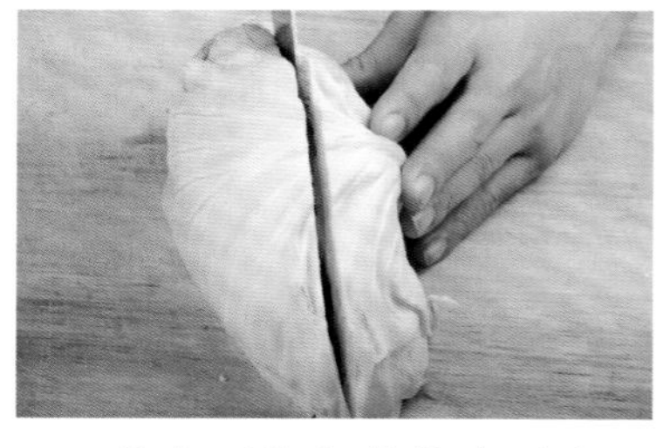

③也可将包菜从水平方向一分为二。

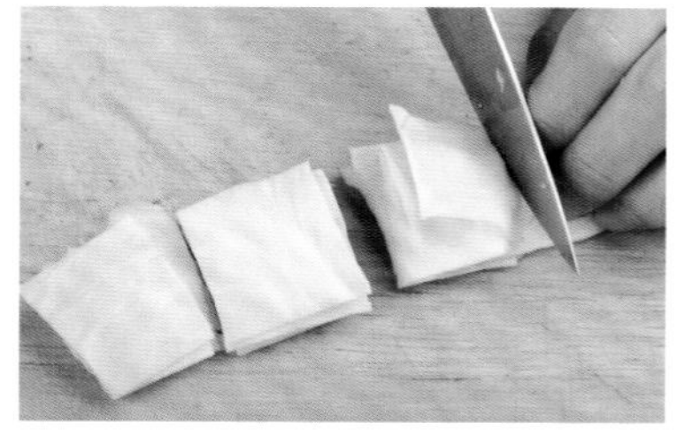

④再将包菜切成方块状。

麻将块

操作步骤：

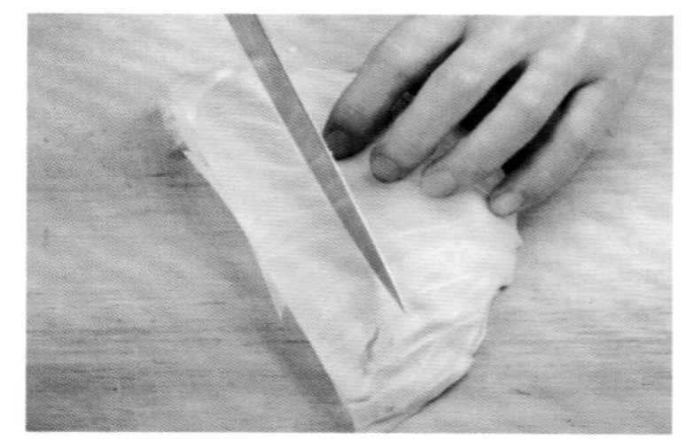

①先将包菜切成宽条。

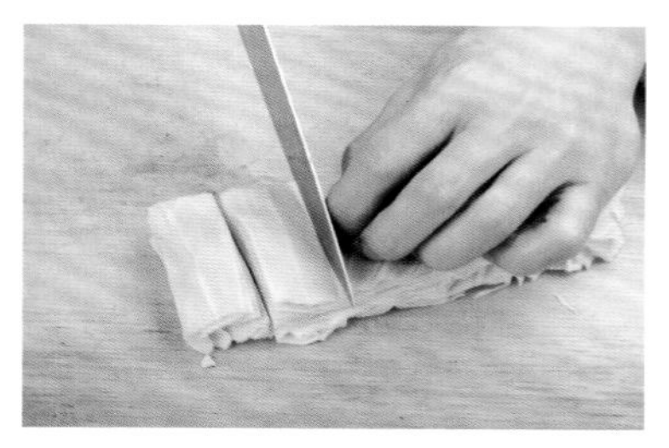

②再将其切成麻将块。

三角块

操作步骤：

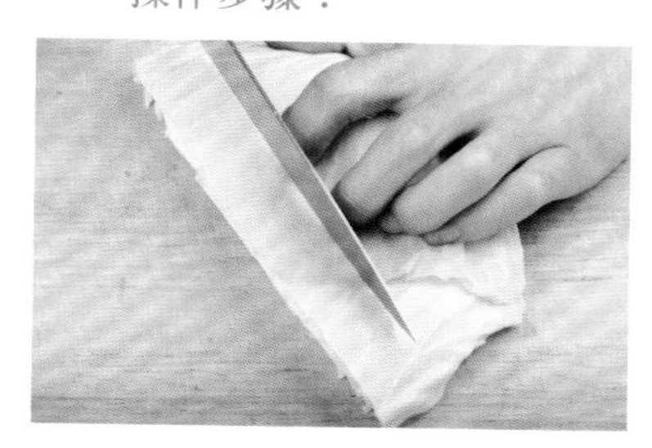

①取一半包菜切成宽条状。

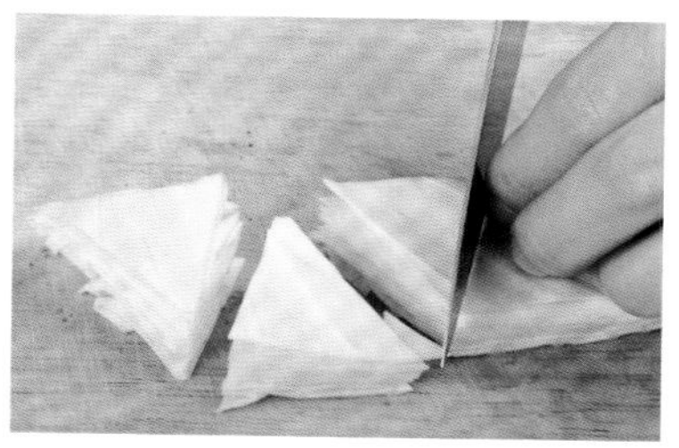

②再将宽条切成三角块。

丝

1. 操作步骤：

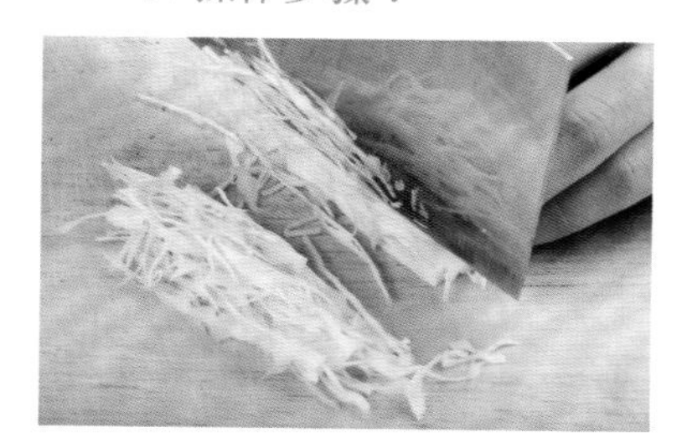

将包菜切成丝。

2. 制作菜式：

方块：用于爆炒青椒包菜。

麻将块：用于叉烧炒包菜。

三角块：用于酸辣包菜。

丝：凉拌、爆炒。

大葱

大葱又名京葱，是人们生活中不可缺少的调味菜，有强身健体的作用。它能刺激人体汗腺，发汗解表，促进消化液的分泌，把人体胃肠中积下的污垢清除出去，从而能健胃养胃。一般人多吃葱还可以预防春季呼吸道传染病。

片

操作步骤：

①剥去大葱的外层老皮。

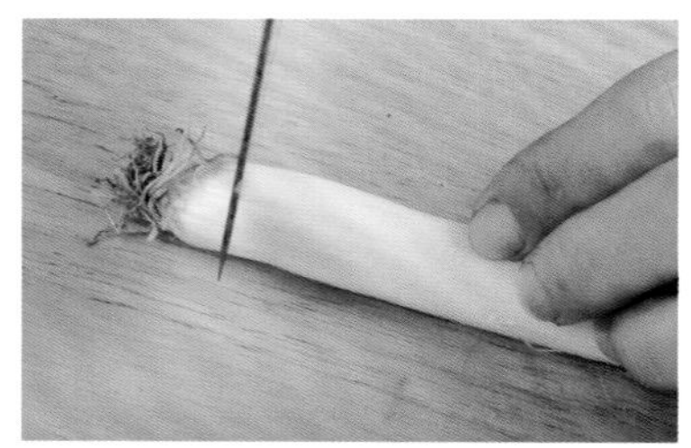

②切去大葱的根部。

③用斜刀将大葱切成象眼片。

段

操作步骤：

①将大葱切去葱叶部分。

②再将大葱斜切成段。

③也可将大葱直切成中段。

丝

操作步骤：

①在大葱段上顺切一刀。

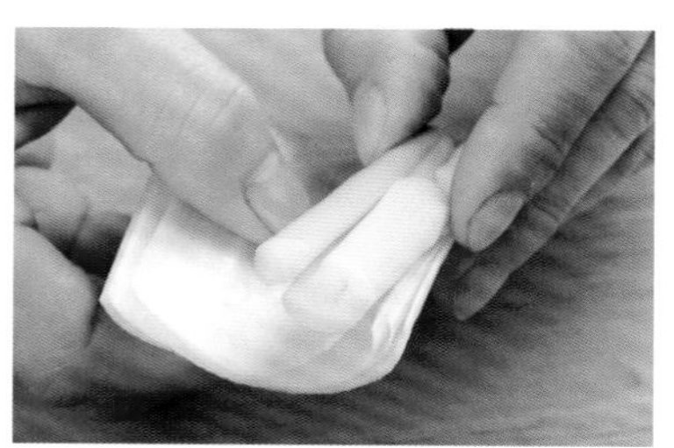

②剥去葱心部分。

③将外层大葱切成细丝。

粒

操作步骤：

①先将葱白部分切成条状。

②再将葱条切成葱粒。

葱节花

操作步骤：

①将大葱切成段。

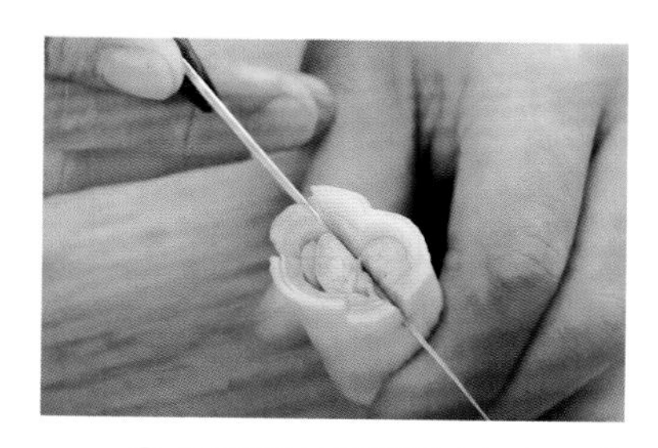

②在葱段的两端切十字刀纹。

2. 制作菜式：

片：葱爆、干锅。

段：适用于不同的蒸菜、铁板、火锅料头。

丝：干捞，豉油用料。

粒：拌馅，小炒。

葱节花：做装饰或用于清蒸等菜肴。

冬瓜

冬瓜又名白瓜、枕瓜。这是一种名不符实的瓜，它产于夏季而非冬季，之所以称之为冬瓜是因为它成熟时表皮上有一层白色的霜状粉末，如冬天结的霜。冬瓜肉质清凉，是夏季极佳的消暑蔬菜，它不含脂肪，碳水化合物含量少，故热量低，属于清淡性食物。

冬瓜盅

操作步骤：

在一半的冬瓜周围切出花形。

连皮块

操作步骤：

将冬瓜连皮切成块状。

菱形块

操作步骤：

①先将冬瓜切成方条状。

②再将方条冬瓜切成菱形块。

片

操作步骤：

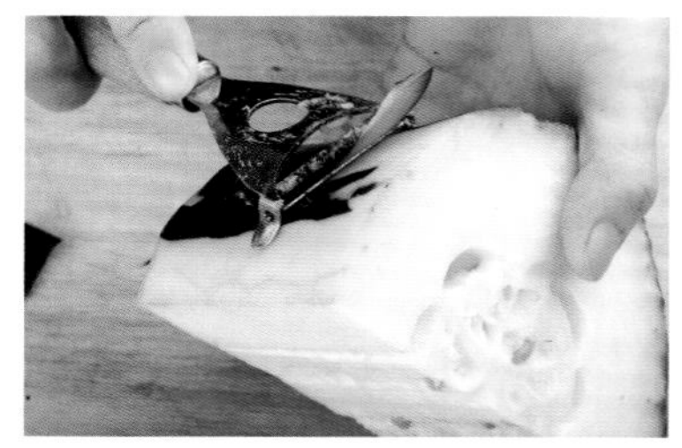

①将冬瓜去皮。

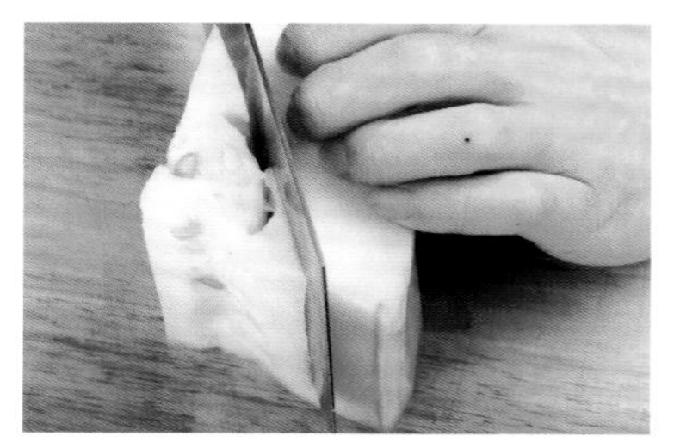

②切去冬瓜的籽。

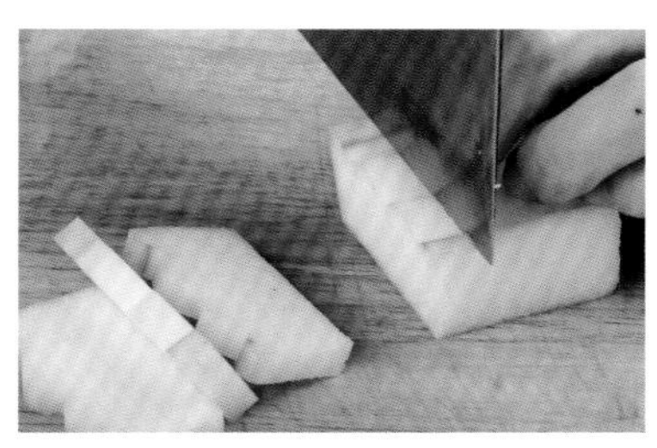

③将冬瓜切成大块状。

④将冬瓜切成小片状。

条

1. 操作步骤：

将冬瓜切成条状。

2. 制作菜式：

冬瓜盅：可以制作不同菜式的冬瓜盅。

连皮块：制作各种冬瓜汤。

菱形块：制作冬瓜炒虾球等。

片：制作冬瓜蒸鱼球。

条：制作冬瓜炒鸡柳。

球形：制作冬瓜珍珠虾饺。

西蓝花

西蓝花又叫青花菜，由甘蓝演化而来，起源于欧洲地中海沿岸。19 世纪中叶传入我国南方，以广东、福建、台湾等地栽培为最早。

朵

操作步骤：

①将整个西蓝花切成朵的块状。

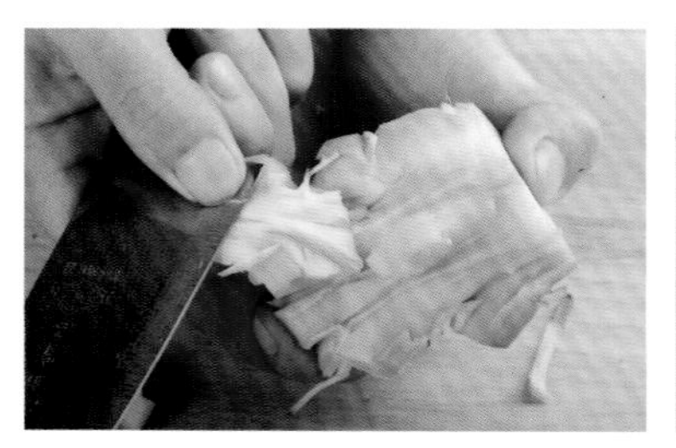

②将西蓝花根剥去外皮。

③剥去西蓝花茎部老皮。

④将西蓝花黄色部分切去。

⑤将西蓝花根部切去。

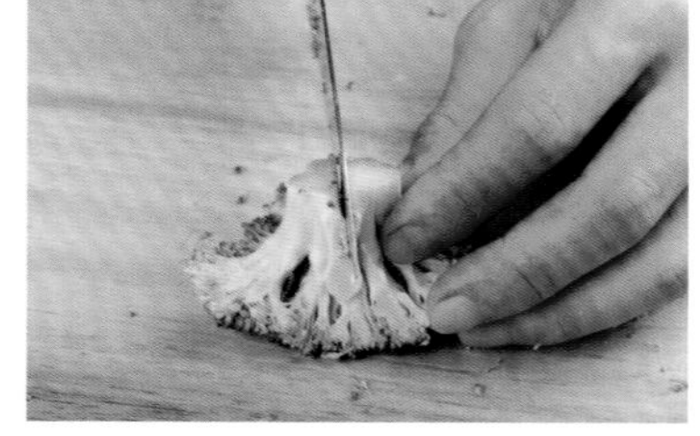

⑥将大朵的西蓝花一分为二。

条

1. 操作步骤：

①先将处理好的西蓝花根切成厚片。

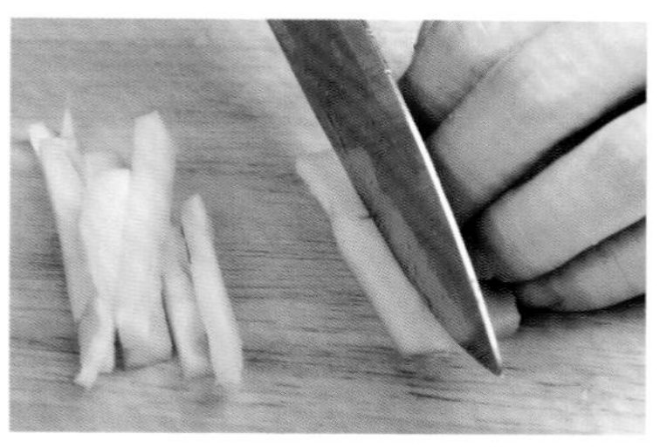

②再将厚片切成条状。

2. 制作菜式：

朵：蒜蓉炒、清炒。

条：凉拌、辣炒。